잭
살
학
개
론

어떤 茶든 이야기가 있다.
어쨌거나 우리 홍차!

잭살학개론

토박이 정소암

좋은땅

축하 인사말

맨 처음 책머리에 나올 인사를 해 달라 청해서 참 별일도 다 있다고 생각했습니다. 나중에 알아보니 '잭살책'이 나온다고 해서 얼른 이름을 적어 냈습니다. 보통 책이라고 하면 이름 있고 직책 있는 높은 양반들이 적는 줄 만 알았지 시골 사는 이름 없는 사람들한테 부탁하는 인사말은 없는 것으로 알았습니다.

아무튼 우리 고을의 경사라고 생각합니다. 처음 시집오고 장가가던 그때만 해도 화개골은 어려움이 많아서 모든 논과 밭이 보잘것없이 한 줌의 먹거리를 귀하게 여기면서 살았습니다. 뒷집 형님은 벌써 아흔 살을 바라보고 있는데도 지금도 잭살 이파리 딴다고 고생이 많습니다.

이 사람이라도 서둘지 않았으면 화개 사람들 말고는 잭살 차 맛도 못 보고 살았을 터인데 잭살이 다시 유행을 타고 이리저리 다니면서 잭살차 맛보기를 하고 다니니 기분도 좋아집니다. 이 책이 나와도 될 만큼 화개골 잭살의 큰 업적이 생겼습니다. 없어질 뻔했는데 방방곡곡에 알리며 노력한 점 기쁘게 생각하며 앞으로 좋은 일만 있으시길 바랍니다.

2023년 4월

죽암마을 최 만종
　　　　　박덕순
　　　　김 영순
　　　　강 춘애
　　　　강경옥
　　　　　송두례

신촌마을 -오 경환

가탄마을 김 종진

의신마을 정 명효

정음마을 서 진령

용강마을 김 용철
　　　　　배 재근
　　　　　정 재임
　　　　　김숙희
　　　　　이 현일
　　　　　최 서운

읽기에 앞서

이 글은 화개 토박이가 차 농사를 지으며 제다를 하고 체험한 단편적이면서 주관적인 글이다. 전통 홍차 잭살의 내면적인 시각과 잭살을 음미하며 살아온 소소한 애깃거리를 담았다. 사실 차 논평은 우리 차의 핵심을 비껴가는 논조들이 많아 관심 있는 식자나 학자들이 풍월을 읊는 수준이다. 사실을 호도한 내용도 많고 억지 논문을 쓰고 학위를 받은 논문 내용을 보면 한심한 것도 있다.

차계의 질서는 온데간데없고 위에서 아래로의 수직적인 평론들이 주류를 이루고 있다. 토박이의 시선에서 보면 터무니없기도 하지만 그것을 고쳐 줄 방향이 없었다. 절로 자란 차나무에서 딴 찻잎으로 차를 만들고 차나무를 직접 심어 관리하고 차를 생산하는 농사꾼의 고민과 번뇌를 사실에 입각하고 고증하여 적었다. 읽으시는 분 중에는 일부는 불편할 것이고 어떤 이는 공감할 것이다.

차 역사의 기록이 가진 자와 성공한 자의 측면에서 기록했지만 지시받고 수동적인 입장에서는 누리는 자들의 비판이 식상했을 것이다. 설령 문맹이 아니더라도 비판받기만 하고 냉대만 당한 일상을 글로 적어 차를 논하기 싫었을 것이다. 그래서 기록은 사라지기도 하고 외면받기도 했을 것이다.

기록할 엄두도 못 내고 먹고사는 문제에만 집착해 차에 관한 흔적을 지우며 살았는데 근래에 들어서 생각과 시야가 달라지고 다양성의 사고를 하게 되었다. 사물을 보는 관점이 달라졌고 차를 향한 열정이 무뎌졌다. 무뎌지다 보니 다른 이들의 영역을 이해하게 되었고 다시 차에 대한 애정이 다시 솟는다.

茶는 약의 개념으로 바라보면 그 내용이 또한 달라진다. 茶를 풀어보면 풀(艹)과 사람(人)과 나무(木)의 합성어다. 그래서 내가 만들었던 덖음차 브랜드 "초인목"은 상표등록이 되어 있다. 중간에 있는 사람(人)이 풀(艹)과 나무(木)를 저울질하느냐에 따라 관점과 사용처가 달라지듯 제다인이 앞으로 어떻게 사고를 하느냐에 따라 차의 역사가 달라질지도 모를 일이다.

2010년 이전까지 사용한 차통 초인목

한국의 차가 한곳에 머물러 있지 않고 세계로 진출 되는 무한경쟁시대에 돌입한 지도 꽤 시간이 흘렀다. 경쟁에서 우위를 접하기 위해서는 가장 자기적이고 원초적인 것을 먼저 확립해 두지 않으면 살아남기 힘들 것임을 안다.

이제는, 조상들이 차를 빚은 기본을 찾고 익혀서 토종의 기본기술을 먼저 알아야 할 시점이다. 선인들의 제다법이 하찮다고 여길수록 나는 그 속에서 헤아리기 힘든 지혜와 진리를 배운다. 영원한 것은 없다. 우리 선인들 일부는 차를 마심에서 삶을 누렸을 것이고 일부는 가장 단순하게 차를 빚으면서 창작의 기술을 익혔을 것이다. 차를 마심에서 떼어내고 차를 만들면서 노하우를 붙여 온고이지신의 차를 만들어 가고자 부단히 노력 중이다. 귀에 딱지가 앉을 정도의 평범한 말 "가장 한국적인 것이 가장 세계적이다."를 실천하려고 애쓰는 중이다.

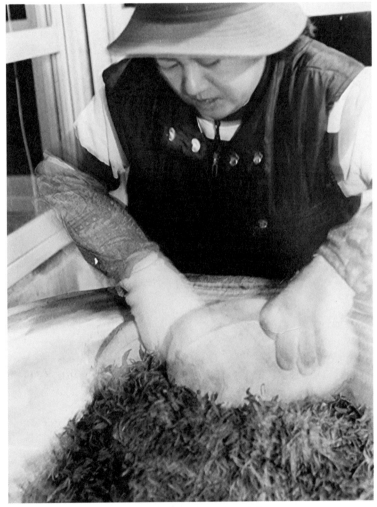

2002년 3월 28일 청명차를 덖다

목차

토박이 차

1

나의 집안 내력

가계도

조부 : 정계조(1903년생), 고성 정가

출생 : 경남 하동군 화개면 부춘리

· 1911년(9세) 하동 쌍계사 보명학교에 입학하여 한학과 불교 교리, 한글, 신학문
　　　　(신흥종교)을 익혔음.

· 1922년(20세) 김달단 여사와 혼인

· 1924년(22세) 결혼 후 아이를 가졌으나 3살 아이를 잃은 이후 후세를 가지기 위
　　　　해 정성으로 10년간 쌍계사에서 기도를 아내와 같이 시작함. 참고
　　　　로 조선 시대 정여립의 난으로 인해 멸족, 멸문되어 자손이 귀하여
　　　　자손에 대한 욕망이 대단히 컸음.

· 1978년(76세) 별세

조모 : 김달단(1904년생)

· 1922년(19세) 정계조와 결혼

· 1931년(28세) 장남 출산

· 1933년 차남 출산(정자봉)

· 1995년(92세) 별세

부 : 정자봉(1933년생)

· 1955년(25세) 결혼

· 1961년 화개면 용강리로 주소 이전

· 2001년(69세) 별세

모 : 김삼례(1938년생)

· 1955년(18세) 결혼 후

· 1966년 정소암 출산

· 2009년(73세) 별세

쓰면서

　어릴 적부터 손으로 비벼 먹던 잭살차를 토대로 글을 적었다. 우리 집안의 방식과 구전, 그리고 마을 어른들의 전언으로 작성되었다. 옳고 그르고를 말하는 것이 아니라 내가 겪은 30여 년간의 잭살차에 대한 직간접의 오롯한 기록일 뿐이다. 다른 주장을 하는 이들이 있다면 개개인의 방법과 가정마다 각각의 다름일 것이다. 그러나 토박이들의 고증은 대동소이하다.

　글머리부터 하찮은 촌부 집안의 이야기를 내어놓은 것은 하동 차의 맥이 쌍계사, 칠불사를 중심으로 엮어졌고 내 조부모님, 큰아버지께서 쌍계사와 30여 년 이상 인연이 깊어 그걸 토대로 글을 적다 보니 안 해도 될 이야기들이 이어지게 됐음을 이해 바란다. 화개 차의 맥이 쌍계사, 칠불사가 구심점이라는 것을 설명하기 위함이다.

　잭살이 세계의 지켜야 할 슬로푸드 "맛의 방주"에 오르기까지의 소소한 동네 이야기들을 얇은 식견과 짧은 소견을 짚어 가면서 가슴에 막혔던 것까지 토로하였는데 가능하면 상세하게 기록을 하고 싶었다.

　중요한 것은 현재 우리나라 전통 홍차 '잭살'이 있기까지 도움을 주신 분들의 공로를 잊지 않고 빛내어 주고 싶었다. 빚은 지되 갚지 못하더라도 잊으면 안 된다는 평소의 소신이다. 빚을 오히려 자신의 공으로 돌리는 무지막지한 현상이 있어서도 안 될 일이다. 나무는 꽃이 져야 열매를 맺는다고 했다. 20년이 훨씬 넘었으나 잭살은 한창 꽃을 피우고 있다. 이 책은 그 꽃이고 싶고 나의 잭살꽃도 화려하게 지고 튼실한 열매를 맺었으면 하는 바람이다.

잭살의 타래를 풀며

120년 전의 먼 이야기부터 실타래를 풀어가려 한다. 소설 같지만, 소설이 아닌 친정 집안의 내력을 먼저 풀어놓고 잭살에 대한 이해를 돕기 위해 어렴풋한 기억은 형제들, 사촌들과 의논하여 기억을 끌어 올리고 궁금한 것은 집안 어른들께 여쭤서 정리하였다. 대부분은 귀에 딱지가 앉을 만큼 듣고 또 들었던 이야기들이라 어렵지 않게 타래를 이어 갈 수 있었다. 내용은 간단한 듯 보이지만 실제 집안의 실타래는 신학문과 신흥종교와 불교, 도교, 유교 등이 얽혀서 풀기가 매우 난해하여 가장 간단히 풀어가니 참고만 했으면 한다.

정여립의 난(1589년)으로 멸족당한 집안(정계조 직계)은 몇 명만 심산유곡 지리산으로 숨어 살았다. 그 몇 명은 멸족을 당한 선대 어른의 유품들과 서적 등을 숨기기 위해 애를 먹었다. 그곳이 불출동이다. 佛出洞은 지금의 화개면 부춘마을이다. 노비들까지 있었던 것 보면 나름 양반행세는 하고 살았던 것 같다. 세월은 흐르고 노비들이 선조 할아버지가 쓴 우득록 목판본을 관리도 귀찮고 오래되어 볼품없어

보이니 불쏘시개로 사용하는 것을 할아버지나 아버지 형제들께서도 목격했다고 하
니 나름 먹물은 묻어 있었던 것 같다.

정씨 가문의 호구단자

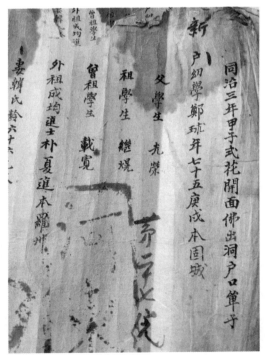

1863년도 지금의 부춘은 불출동으로 기록되었다

할아버지는 9세 되던 해에 쌍계사 보명학교를 다녔는데 지금의 부춘마을에서 쌍계사까지 산길과 신작로로 10㎞를 걸어 다녔다. 날이 궂은날은 큰 절에서 자기도 했다. 10㎞면 엄청나게 먼 거리로 여기겠지만 어릴 적 쌍계사 우리 집에서 구례 읍내까지 걸어서 다녀온 적이 있다. 편도 거리는 20㎞가 넘었다. 오빠들은 가끔 구례 읍내까지 영화를 보러 걸어서 다녔다. 왕복 40㎞가 넘는 길을 걸어서 다닌 셈이니 10㎞가 먼 길은 아니었다.

할아버지는 쌍계사 보명학교에서 신학문, 한학, 한글, 불교 교리를 공부하셨는데 신학문에 대해서는 그다지 배울 것이 없었다고 할아버지는 말씀하셨다. 당시의 사찰은 조선 시대 불교의 쇠퇴로 민간신앙, 신흥종교 등 여러 가지 학문이 종합적으로 들어와 있었고 스님들 또한 불교에만 몰입한 것은 아니었다고 한다.

형제봉 주변 고조할아버지 묘가 있다

선유동 입구. 사림암에 조부의 묘가 있다

쌍계사 대웅전 계단 입구 우측에 100년 넘은 수국나무가 있다

　할아버지의 관심사도 불교나 신학문보다는 신흥종교와 도교에 더 관심이 있었고 명민하셨던지 쌍계사 스님들께서 가끔 절에서 잘 때면 따로 불러 불교 교리를 가르쳐 주고 불교뿐 아니라 천도교, 동학 등에 대해서도 조금씩 일러 주신 것이었다.

　지금 생각해 보면 당시의 스님들은 매사에 박식하고 새로운 문화를 접하고 있었던지 친정 큰아버지나 아버지의 말씀대로라면 할아버지는 보명학교를 졸업 후 어른이 된 후 지리산을 헤집고 다니면서 지관과 포수를 꼭 한 명씩 데리고 다녔다고 한다. 100년 전 커다란 장총은 10년 전까지 큰댁에 있었는데 이번에 자료사진으로 사용하려니 총은 삭아서 버려지고 총알만 몇 개 남았다는데 그 총알마저 녹이 슬어서 어디다 모셔 두었는지 큰어머니의 기억이 아련해서 못 찾았다.

할아버지의 인물이나 인품은 하도 꿋꿋하여 어릴 적 손자 손녀들 눈에는 신선처럼 보였는데 결혼 즈음에는 하동의 명문가 처자들이 줄을 섰었다는 소문을 들은 적이 있다. 할아버지는 새 터(신기마을), 가운데 터(중기마을)에서 제일 똑똑한 처자를 아내로 맞았다. 두 분이 결혼할 때 "새 터, 가운데 터 일등 큰 애기"와 "집안 좋고 인물 좋고 먹물 든 총각"의 결혼이 화제였다고 할머니는 자주 말씀하셨다. 이런 말씀을 하실 때면 할머니의 얼굴에는 화색이 돌고 말이 빨라지셨다. 이 자리에서 할아버지는 대한민국 최강의 공처가, 큰아버지는 여태 한 번도 본 적 없는 마마보이였음을 밝힌다.

88세 때의 김달단 할머니 모습

1970년대 초 부모님과 조부와 여행

덧붙이자면 후손들은 모두 할머니의 열성인자를 이어받아 키는 작고 얼굴은 못생겼다. 그것이 못내 아쉽고 억울함은 살면서 손자들에 내내 씹히는 요소다. 할머니는 결혼 2년 후 아이를 낳았지만, 아이를 잃었고 이후에도 임신이 잘 안되자 쌍계사와 국사암에 기도하러 다니셨다. 할머니는 절에서 기거하는 날이 많았고 할아버지나 증조할아버지께서 쌍계사에 모셔다드리고 모셔오고 했다.

두 할아버지도 지장재일이나 초하루 날은 쌍계사에 머물면서 같이 기도를 했다. 당시에 자식을 못 낳으면 죄인 취급을 당했던 때기도 했지만 멸족을 당한 집안이라 손이 매우 귀했고 지금도 고성 정가 집안은 머릿수가 몇 되지 않는다. 결국 할머니께서는 기도의 결실인지 결혼 10년 만에 큰아버지를 낳으셨고 밑으로 아들 둘, 딸 셋을 더 낳으셨다.

할아버지 할머니께서 자식들을 얼마나 두둔했느냐면 서슬 퍼런 일제강점기, 6.25 전쟁 때도 징병도 안 보내고 군대도 안 보냈을 정도다. 할머니의 치맛바람은 수단과 방법을 가리지 않았다고 한다. 지금 원부춘의 지통사 부근이 전부 우리 땅이었고 그곳에 집채만 한 땅굴을 파놓고 수단과 방법을 가리지 않고 아들 셋을 잘 숨겼다. 외지름(외국에서 들어온 기름, 휘발유) 몇 말과 찰밥을 해서 땅굴로 몰래 날랐다.

왜지름(석유)를 날랐던 석유통

그런데도 이해가 되지 않는 것은 할머니 할아버지께서 어렵게 낳은 큰아들을 열 살도 되기 전에 쌍계사에 출가를 시키려고 했다. 할머니께 듣기로는 큰아버지 팔자가 스님이 안 되면 단명하는 사주여서 귀한 자식을 평생 못 보느니 기도로 얻은 아들을 쌍계사 출가를 택했다는 것이다. 지금 생각하면 그것은 핑곗거리에 불과하고 아마도 큰아버지를 정감록의 정도령으로 만들고 싶었던 것이 아닐까 싶다.

아무리 그래도 매사에 뜻대로 되는 일은 없다. 큰아버지를 쌍계사에 데려다주고 오면 도망쳐 집으로 오기를 몇 번이나 했고 지루한 일상이 지속되었다. 나중에는 할머니께서 쌍계사에서 같이 먹고 자면서 큰 절 허드렛일까지 도우면서 큰아버지를 지켰다. 분잡한 절 생활이었다고 할머니는 고백하셨다.

아직도 존재하는 500인이 먹었다는 쌍계사의 쌀 씻던 대형구유

일제강점기
쌍계사의 茶 노동

할머니께서 쌍계사에 기도를 하고 있는 동안에 집안 살림과 다른 자식들 키우는 몫은 일을 도우는 큰애기도 있었고 동네 아주머니들 도움도 받아서 신경 쓰지 않고 절 생활을 하셨다. 할아버지는 책만 읽는 서생 공처가였고 할머니는 요즘으로 치면 치맛바람 드센 여장부 기질이 있었던 것 같다. 시아버지(증조할아버지)와 시할아버지(고조할아버지)도 한마을에 사셨지만, 막내며느리를 아끼셨던지, 아니면 자식 낳으라고 그냥 보고만 있으셨던지 할머니는 하고 싶은 대로 하고 사셨다.

할머니는 쌍계사에 있으면서 가장 힘든 때가 차(잭살, 백차, 덖음차 등 여러 가지 차였던 것으로 파악) 빚을 때였다고 하셨다. 차를 말릴 때면 방바닥에 말리니 잘 곳이 없어서 공양간 평상에서 잠을 잤다고 했다.

차를 빚는 계절이 오면 차를 얻으려 힘깨나 쓰는 사람들과 글깨나 읽는 양반들이 꼬여 들어서 공양간의 쌀도 많이 들었고 쌀 씻는 일도 힘들었다고 했다. 더구나 주변의 사암에서도 스님들이 오셨는데 마침 초파일도 있고 고추 심고 호박 심는 울력을 핑계로 오시긴 해도 할머니의 표현법을 빌리자면 '차 동냥하러 왔다'라는 것이다.

그리고 밤낮으로 차를 빚어서 말리고 포장해서 우리나라의 큰 스님들께 쭉 차를 보내고 남은 먼지 같은 것을 절집 사람들은 먹었다고 한다. 그때는 잭살과 떡차보다는 솥차(덖음차)를 더 많이 만들었다고 했다.

3대째 사용하고 있는 키

잭살차 빚을 때 사용하는 도구 중 일부

칠불사 아자방 무쇠솥. 현재 아자방은 수리 중

초봄 첫차를 따던 날의 휴식

백로차 따는 모습

야생차밭에 칡넝쿨과 잡풀을 제거하기 위해 다농은 차밭으로 가고 지게가 지키고 있다

계산해 보니 할머니와 쌍계사의 인연은 결혼 후 돌아가실 때까지 70여 년이 넘는 꽤 긴 시간이었다. 할머니와 집안 할아버지들의 도움을 받아 쌍계사에서 구걸하다시피 살았지만 결국 큰아버지의 쌍계사 출가는 실패하고 결혼을 해서 자식, 네 명을 두었다. 사촌 언니 오빠들 증언은 큰아버지는 평생 무위도식하면서 조부모님 돈으로 살았다. 집을 사고, 집을 짓고, 먹는 것, 입는 것 모두 할머니 말만 잘 들으면 만사가 해결되었다고 사촌 언니와 오빠들은 진저리를 친다. 여타 부모님들처럼 자식을 위해 일을 하고 부모 공양은 애초에 없던 분이었다. 그것은 작은아버지도 마찬가지였다.

요즘 말로 마마보이, 캥거루족의 20세기 대표 주자였던 것이다. 사촌들 교육에도 관심 없고 할머니가 하라면 했고 하지 말라고 하면 하지 않으셨다. 사촌 큰오빠 말씀은 할머니 말만 들으면 알아서 자식 교육도 시켜 주고 돈이 나오고 밥이 나오는데 일할 이유가 없었다고 했다.

사촌오빠 두 분은 부덕초등학교를 졸업하고 중학교를 가고 싶었지만, 신학문은 배울 필요가 없다며 할머니께서 훈장님을 가정교사로 3년이나 두고 주역까지 공부를 시키셨다. 사촌 큰오빠 세대에 하필이면 한문 공부가 없었다고 한다. 그 훈장 선생님은 나중 할머니의 큰 딸, 즉 나의 큰고모의 시아버지가 된다. 학교에 다니고 싶었던 오빠 두 분은 부산으로 도망을 갔다가 붙잡혀 오기도 했다. 사촌 두 분 오빠 중 큰오빠는 우리 집에서 3년을 함께 살았다.

부모님의 보살핌을 못 받고 자란 사촌 큰오빠와 올케언니

실패한 정도령

1964년까지 조부모님의 땅이 원부춘마을에 임야 8정, 아래 부춘마을에 전답 7정이 있었으니 아들들은 굳이 일하지 않아도 되었다. 결국 할머니의 바람으로 큰아버지 나이 28살이 되고 큰아버지의 큰아들(나의 사촌 큰오빠)이 8살이 되자 청학동에 가서 기도하라며 보내셨다.

할아버지께서 지관과 포수를 데리고 온 지리산을 뒤진 이유가 있었다. 청학동을 찾아다닌 것이었다. 정감록은 우리 집안 형제들에게는 원수 같은 비결서(秘訣書)이다. 조부모님 두 분이 주도면밀한 의식에 빠져 자식들 교육을 제대로 시키지도 않고 손자들까지 이상한 기도를 하게 했다.

도교나 천도교, 동학 등 20세기의 신종교에 관해 공부하는 분들이 있다면 내 사촌 오빠들과 나의 작은오빠 이야기를 들어 보면 기상천외한 이야기를 많이 들을 수 있을 것이다. 사촌 오빠들이 뚜렷이 기억하는 것은 할머니와 할아버지는 한겨울에도 자정이면 반드시 얼음물에 목욕재계하고 새벽 세 시면 차를 올리고 북두칠성을 향해 절을 했다고 한다.

불일평전의 옛 모습

불일평전의 2000년대의 모습

결국 큰아버지는 할머니와 할아버지들의 등쌀에 불일폭포 아래 불일평전에서 3년간 기도 생활을 했다. 이곳이 소위 할아버지가 찾아낸 청학동이었던 셈이다. 이 책을 엮으면서 좀 더 자세히 알고 싶어 사촌 오빠랑 언니를 만나서 이런저런 슬프고 재미있는 이야기를 많이 들었지만 하도 기상천외해서 다 옮기지 않는다.

원부춘마을에서 불일평전까지 여덟 살, 여섯 살짜리 사촌 오빠들은 먼 산길을 걸어서 아버지가 기도하는 곳으로 3년간이나 먹을 것, 입을 것을 들고 날랐단다. 말이 여덟 살이지 이때는 어릴 적 부모 사랑을 받고 자라도 뭐할 판에 아버지 잔심부름으로 어린 시절을 보냈다니 참 안타깝다.

큰아버지의 불일평전 기도 생활은 아래채에 폐병 환자가 들어오는 바람에 기겁하여 줄행랑을 쳤다고 했다. 그래도 할머니는 잭살차를 달여 먹으면 괜찮다며 큰아버지를 불일평전에 다시 앉혔지만 헛수고였다. 큰아버지는 잭살차를 자신이 먹지 않고 폐병 환자에게 먹여서 자신에게 옮기는 것을 방지하려 했지만 무서워서 도저히 견디기 힘들었다고 했다. 그래서 불일평전에서의 3년은 막을 내렸고 조부모님의 꿈도 깨졌다.

큰아버지를 낳기 전 할머니께서 잉태를 바라며 국사암과 쌍계사에 머물면서 드린 치성은 북두주라는 칠성진언이다. 기도는 칠원성군(七元星君)이라는 정근이었다. 쉽게 말해 칠성님께 애기 낳게 해 달라는 애원의 기도이다. 칠원성군이 생로병사를 주관한다고 믿는 토속신앙이었는데 조선 후기에 불교와 민간신앙이 합쳐져 득남을 갈구하는 칠성신앙이 민가에 깊이 파고들었다.

우리도 어릴 적에 칠성경을 따라 하곤 했다. 사촌오빠들은 북두주를 외우지 않으면 죽는다고 해서 죽을까 봐 어린 맘에 하루에도 몇 번씩 외웠다고 했다. 역시 할머니의 닦달과 성화에 못 이겨서 따라 했다.

조선 시대에는 북두칠성과 별을 그린 칠성도가 유행했고 사찰마다 칠원성군이라는 진언이 절 안의 바위에 새겨졌다. 할아버지와 큰아버지의 안방에는 손으로 직접 그린 아주 커다란 원형의 천문도가 늘 붙여져 있었는데 나이 드신 큰어머니께서 도배하면서 몇 년 전 다 찢어 버렸다. 우리 집안의 20세기를 들여다보면 조선 시대에 쇠퇴하던 불교가 민간신앙에 기대게 된 형국이었던 것 같다.

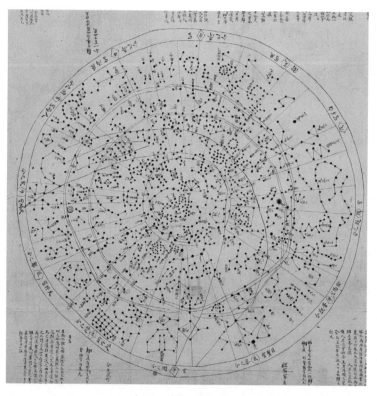

손으로 직접 그린 천체도

천체도 세부 모습

　아직도 칠원성군을 기억하는 것은 할머니께서는 손자 중 나를 데리고 쌍계사와 국사암을 다니셨는데 손자들이 모두 스님이 되게 해 달라고 빌었다. 미치고 팔짝 뛸 이야기지만 우리 할머니는 빌고 또 빌었다. 묘하게도 할머니 아들 세 명 중에 가운데 아들인 내 아버지 아들 두 명만 스님이 되었다. 둘째 오빠와 막냇동생이 스님이다. 그리고 나도 될 뻔? 했다. 지금도 고향에 함께 사는 친구들은 내가 결혼할 줄 몰랐다고 말한다. 수녀나 비구니가 될 줄 알았는데 어느 날 연애 한번 없이 결혼한다고 해서 놀랐다고 말하는 것을 보면 은연중에 나도 수도자의 길을 어렸을 때부터 염두에 두고 있었던 것 같다.

국사암 일주문

막냇동생 스님

근처 사암의 오빠 스님

잭살차 공물과
칠원성군 바위

할머니께서는 국사암 문수전 오르는 계단 입구의 바위에다 두 손을 비비면서 초를 켜고 쌀을 놓고 머리를 숙이셨다. 그 당시 국사암에 삼성각은 존재하지 않았다. 30여 년 전까지만 해도 칠원성군(七元星君)이라는 글자가 새겨진 작은 바위가 국사암 돌우물 앞에 있었는데 지금은 그 바위가 없어지고 문수전 앞 오른편 바위에 따로 새겨져 있다. 칠원성군이 새겨져 있던 원래의 바위자리에는 소화전이 생겼다. 할머니께서는 쌍계사를 자신의 천당이라 여겼을 정도인데 92세 돌아가시기 전까지 지장보살 정근을 하셨고 할아버지와 같은 날에 점심을 드신 후 주무시면서 돌아가셨다.

여기서 잭살을 처음으로 논한다. 할머니는 칠원성군 바위에 꼭 차를 올리셨다. 이것은 엄청난 일인데도 어떠한 기록이 없다. 이때 올린 차는 잭살이었다. 스님들은 정착한 스님들이 제대로 없었고 오랫동안 절에 기거하든지 뼈를 묻을 것처럼 다녔던 사람들만이 아는 일인 것이다. 지금 금산사 직영 포교원인 수현사 주지로 있는 동생 스님의 말을 빌리자면 할머니는 우리 집에서 국사암까지 가는 길에 부처님과 칠원성군에게 바칠 공양물을 한 번도 바닥에 내려놓지 않고 가져갔다고 한다. 할머니의 부처님에 대한 공경이 어느 정도인지 가늠할 수 있다. 물론 내 기억도 마찬가지다.

할머니께서 잭살차를 끓여서 이고 지고 간 물병은 하얀색의 외간장병이었다. 할머니께서는 이 외간장병을 부처님 모시듯이 했고 목욕을 하기 전에 가마솥에 물을 끓이면서 자주 삶았다. 여태 나는 할머니의 결벽증이라고 생각했는데 차 담는 그릇이 더러워서 차가 부정 타면 안 된다고 그러셨다고 한다. 그리고 큰 푼주 사기그릇에 잭살을 거의 가득 따라 부으셨다. 그리고 알 수 없는 정근 기도를 한참이나 하시는데 기도가 끝나면 찻물을 여기저기 뿌리셨다.

할머니께서 차를 공얌하기 위해
사용하던 외간장병

오래전 국사암 소화전 자리에 칠원성군을   현재 칠원성군 글자가 새겨진 바위
새긴 바위가 있었다

잭살과 고승당, 쌍계사 연등 행렬

우리 어릴 적에는 하동군의 가장 큰 1년 행사는 단연코 사월 초파일 연등 행사였다. 사월 초파일이 되면 엄청나게 큰 연등이 대웅전에 걸리고 권력의 순서에 따라 연등의 크기가 정해졌다. 하동군 군민은 대부분, 이 연등 행렬 행사에 참여했다. 이날은 절에서 밥도 공짜로 주고 떡도 주었다. 철없는 우리는 절 마당에서 할 일 없이 모여서 매봉재를 몇 번이나 오르락거리고 팔상루 계단을 수십 번 타고 다니면서 고개를 빼꼼히 내밀어 절의 마당의 빽빽한 연등을 보곤 했다. 공양간에서 전을 부치는 할머니나 동네 아주머니 곁을 스쳐 지나면 어김없이 들기름에 구운 뜨끈뜨끈한 돌미나리전을 우리에게 주었고 미처 자르지 못한 길죽한 미나리전을 통째로 뜯어 먹곤 했다.

오후 네 시쯤 되면 공양간에서 잭살을 끓였다. 그리고 큰 놋쇠 주전자 세 개에 잭살을 담았다. 주전자 하나는 국사암에 갈 것, 두 번째는 고승당에 갈 것, 세 번째는 대웅전 옆 미륵불 앞에 공양을 올릴 것이었다. 연등 행렬에 앞서 차를 공양물에 꼭 포함시켰다는 것은 쌍계사가 그만큼 차 시배지의 위상을 가지고 있었다는 증거 아

팔산루 앞의 꽃무릇

닌가 싶다. 과거의 소소한 행위들이 지금은 어떤지 모르겠다. 이런 것도 절집의 전통이라면 전통일 것인데 아마도 지금도 계속하고 있으리라고 본다. 주지 스님께 여쭤보고 싶었으나 주제넘은 것 같아서 그냥 기억만 적는다.

잭살 공양물을 올리는데도 순서가 있었다. 젊은 스님 두 분과 공양물을 가질 보살 몇 분이 가장 먼저

국사암에 차를 올렸다. 그 당시에는 할머니 전언에는 쌍계사의 큰 절이 국사암이라서 먼저 차를 올리고 저녁제를 지낸 다음 국사암에 있는 모든 사람이 고승당으로 내려왔다고 한다. 아마도 진감선사가 쌍계사보다 먼저 국사암을 지어서 어른으로 우대를 한 것으로 짐작된다. 국사암은 비구니사찰이었다가 비구 사찰로 바뀌기를 반복했다고 한다.

조선시대 잭살차의 대명사 칠불사 가는길

국사암 삼신각에서 칠원성군 바위를 사진 찍는
4대째 제다인 김재중 전수자

금당

금당 아래 음양수

그다음은 고승당 안의 탑에 간단히 공양물을 올리고 제를 지냈다. 근데 고승당이라 하니 모두 어리둥절할 것이다. 쌍계사에 고승당이 있다고? 이 고승당이 현재의 금당이다. 언제부터 금당이라 했는지 모르겠지만 고승당은 '高僧, 고승이 있는 법당'이라는 뜻이다. 즉 육조 혜능 선사를 이르는 말이다. 할머니는 언제나 고승당이라고 했고 고승당 탑 안에 귀중한 불경 책이 있었는데 이 책은 법당을 지키던 보살이 훔쳐 갔다고 단언을 하시곤 "아수라 문밖의 지옥 불에 떨어질 년"이라며 험담을 하셨다.

세 번째 잭살차는 쌍계사 대웅전 오른쪽 마애불에 놓여졌다. 지금은 아니지만 대웅전보다 마애불 앞에 기도를 올리고 불전을 놓는 사람들이 더 많았다고 한다. 불전이 너무 쌓여서 사월 초파일에는 관리가 잘 안되니 하동군에 사는 부랑자들이 단체로 와서 훔쳐 가기도 했다고 한다.

쌍계사 마애불

　그렇게 세 군데 잭살차를 공양 올리고 나면 해가 질 무렵 간단히 대웅전에서 기도를 올리고 연등 행렬이 시작되었다. 스님들은 목탁을 치면 진감선사 대공 탑비를 몇 번 돌고 석문마을로 나오기 시작한다. 스님들의 목탁 소리에 맞춰 무슨 말인지도 모르고 '서가모니불' 정근을 목이 터져라 하고 나면 촛농이 서서히 흐르고 어둠이 다가온다. 그때부터 연등은 빛을 발하고 용트림하듯 사람들의 연등 행렬은 꼬리에 꼬리를 문다. 미처 쌍계사 경내에서부터 시작 못 한 불자들은 중간에 끼어들어서 줄을 서서 서가모니불을 외쳤다. 그렇게 신촌마을 앞 징검다리 앞까지 행렬이 끝나면 집으로 갈 사람은 가고 쌍계사 가지 따라가서 제를 마치는 사람들도 있었다.

하동의 강남이라고 칭했던 쌍계교의 봄

쌍계교의 여름

쌍계교의 가을

쌍계교의 겨울

할머니께서는 치성을 드리고 나면 국사암 왼편 계곡에서 꼭 찻잎을 따 오셨다. 한복 치마 속의 허리춤에는 항상 보자기나, 제법 큰 주머니가 있었고 한 주먹이라도 따서 잭살을 비비셨다. 할머니가 밤에도 국사암까지 오르면서 어둑어둑해도 찻잎을 딸 수 있었던 것은 평생 쌍계사에서 머문 시간이 많아서 길이 눈에 익었던 까닭이다. 할머니는 신흥 지네봉에서 국사암 뒤에 차나무가 많다고 하셨는데 그 기억으로 지네봉 부근에서 어마어마한 고차수(古茶樹) 군락지를 발견했고 변이종도 다수 발견하였으며 연구 가치가 있는 변이종을 확인하고 우리는 아직도 가슴이 벅차다.

할머니께서 비밀리에 가르쳐 주신 고차수 군락지

고차수의 밑동

　찻잎을 따러 주변을 하도 많이 다니셔서 지형도 훤한 데다가 늙었어도 기운이 창창했다. 중학교 2학년 동지 전날 밤에 쌀, 초를 이고 쌍계사에서 국사암 길을 오르는데 나는 발도 헛디디고 숨이 찼는데 할머니는 썩어 빠지기 직전의 지팡이 하나로 숨한 번 안 쉬고 험한 길을 오르셨다. 어렴풋한 어둠 속에서 눈동자가 호랑이 눈동자를 닮은 것을 목격하고는 기도의 힘이 얼마나 위대한지 느꼈다. 그때의 나이를 헤아려 보니 할머니가 갓 일흔을 넘긴 나이였는데도 당신의 목적은 오로지 茶와 기도였던 것 같다.

일제 강점기 때만 해도 야생차 밀집 지역이었던 쌍계초등학교 부근

쌍계사와 차 빚는 봄

할머니는 가끔 햇볕이나 마루에 차를 말리셨는데 그때는 그 차가 백차에 속하는지 몰랐다. 그리고 백차는 꼭 마름질을 하셨다. 할머니 따라서 백차를 제품화하고 나서 귀찮은 마름질을 왜 해야 하는지 알았다. 초등학교 6학년 때 할아버지께서 돌아가시자 할머니는 둘째 며느리인 친정어

백차 작업 중

머니를 유독 정을 주셔서 한번 오시면 달포에서 그 이상 머물다 가셨다.

내가 중학교 들어간 봄부터 할머니께서는 1970년대 후반 우리 차밭에서도 재배차가 제법 나오니 한번 오시면 댁으로 안 가시고 봄날 부모님과 같이 차를 만들고 가셨다. 중학교 1, 2학년 무렵부터 작은 오빠를 비롯하여 밑으로 막내까지 차를 비비는 방법을 배웠다. 엄밀히 배웠던 것이 아니라 일을 도우라고 해서 시키는 일을 억

지로 한 것뿐이다.

그 시절은 지금도 지겹다. 할머니께서
는 하기 싫은 일을 하는데 잘못 비빈다며
자꾸 손등을 때리셨다. 차를 털 때도 잘못
한다며 뭐라 하시고 또, 또 나무라셨다. 중
학교를 졸업하고 공부한답시고 도시로 나
간 이후 찻잎을 보지 않으니 세상 살 것처
럼 봄날이 행복했다. 목련이 피면 꽃이 피

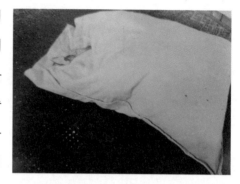

건조된 백차를 마름하기 위한 준비

어서 두근거리는 것이 아니라 곧 차가 피면 일할 것이 두려워 심장이 뛰니 차일은
험난하긴 하다.

동생들은 차를 비비다가 잠이 오면 방에 들어가서 잘 수 있는데 나는 중학생이라
다 컸다고 잠도 못 자게 했다. 우리 할머니는 정말 괴팍스러운데 그 성격을 친정아
버지가 닮았다. 근데 그걸 내가 닮은 것 같다. 다른 형제들은 몰라도 내가 차일을 하
게 될 줄은 꿈도 꾸지 않았다. 다음은 할머니와의 대화를 요약해서 정리해 본다.

  - 할매! 할매는 차 맹그는거 어떻게 배웠어?
  - 배우기는…. 절에서 묵고 잘라믄 눈치보인께 일을 안 하면 밥도 못 묵는
    다. 절집은 큰스님도 울력을 하고 애기 동자도 움직여야 밥 무.
  - 그럼 언제 차 맹글었는데?
  - 쌍계사에서 기도할 때 그때는 일 안 하믄 밥도 못 묵고 공짜로 밥 안조.

차 맹글 숯도 맹글어서 쟁이고 차도 따고 비비고 해야 한 숟가락 준다.

큰 애비 절에 맡겨 둘 때는 눈치 안 보고 스님 공부 시킬라고 죽으라고 시님들 따라서 차맹글었다.

- 할매 혼차(혼자) 했나?

- 그 많은 잭살차를 혼자서는 몬 해.

- 그럼 누구랑 했는데?

- 마을 사람들도 와서 거들고 스님들도 팔 걷고 하고 칠불사 스님들도 내려와서 같이 잭살을 맹글어서 가져갔지.

- 할매도 집에 가져갔나?

- 원래 잭살을 맹글고 나서 큰 절(쌍계사)에 끼리(끓여) 묵을 것 냄기 놓고 다 농가 줬어. 냄기 놓을 것도 엄쓰. 차 동냥 오는 거렁뱅이(거지)들이 하도 많아서!

동네 사람도 가져가고 국사암에도 주고 칠불암 스님도 와서 맹글어 가고 불공 오는 사람들한테도 주고. 불공 오는 사람들은 멀리서 온께 한 주먹씩 주더만.

- 그럼 절에 스님들이 혼차서 안 묵었나?

- 다 농가 묵는그라. 스님들은 독치기(욕심쟁이)가 아니라.

- 그라믄 차를 비빌 때 우리 맹키로 밤에 했나?

- 절에는 밤에 하믄 안 돼. 산신도 주무시고 산짐승도 자고 목신들도 자야재.

- 그럼?

- 낮에. 새복(새벽)에는 기도하고 아침 밥 묵고 차 따가지고 오믄 돼.

여기저기서 딴 것은 불을 걸어서 오후에 비비.

불을 걸어서 하능 거는 제일 어리고 순한 스님이 했재. ⇒ 덖음차

- 더울 때도 큰 법당(대웅전) 옆 옥천꼬랑이나 시방 별장 뒤로 해서 매봉재로 올라가면서 딴 거는 띠아 준다.

  밥때(점심공양)까지 차이파리를 따와서 시들키(시들리기). 매봉재에 없으면 진감선사 사리탑까지 가고 쪼께만(조금만) 따면 미안해서 밥때도 안 내리가고 잭살 이파리 찾아서 댕깄어. 서운암에도 올라가고 불일평전까지 뒤지고 댕깄재. ⇒ 잭살홍차

- 맞나?

- 잭살 이파리를 팔영루나 마당에 널었다가 뒷날 비비(비빈다)서 띠아.

  비가 오면 띠울 때가 없잉께 기양 몰리(말린다). 기양 몰린 잭살은 마름(?)을 해. ⇒ 백차

종합해 보면

* 1900년 초반까지 쌍계사 주변에 차나무가 제법 많이 있었다.

* 불을 걸었다는 것은 덖음차를 의미하는 듯.

* 시들려서 비빈 것은 홍차.

* 그냥 말린 것은 백차.

* 차나무 잎을 모두 구분 없이 잭살잎이라고 했다.

* 백차는 잔여 수분을 없애기 위해 다 마르고 나면 구들에서 마름질을 했다.

백차 마지막 마름 중(쌍계사 방식)   마름이 끝난 전통 백차

기억이 얇아져서 형제들에게 물어보기도 했으나 그 이상은 알기 어려웠다. 성인이 되어서는 친정어머니가 만드는 방식이 할머께 배운 방식이려니 하고 더는 여쭤보지 않았고 치매가 있던 어머께는 차를 만들 때면 여전히 잊지 않고 잔소리를 하셨다. 젊을 때와 똑같은 잔소리셨다.

광복전 후 쌍계사 주지스님께서 선물주신   광복 전후 쌍계사를 비롯한 주변에서
목숨수자의 찻잔   먹었던 차그릇

"차를 많이 털어서 손 기운으로 반은 말려라, 또르르르 잘 굴려서 말아야 찻잎이 안 뿌사(부셔)진다." 등등. 여러모로 아쉽다. 요즘은 김달단 할머니와 김삼례 친정 어머니께서 무덤에서 다시 나와 주셨으면 하는 바람을 자꾸 가지게 된다. 차 일이 업(業)이 되고 밥벌이를 할 줄도, 이리 긴 시간이 갈 줄도 몰랐다. 부모님 사시던 집에서 살게 될 줄 어찌 알았으며 짧은 학식과 엷은 지식과 게으름으로 이런 글을 쓰게 될 줄은 더 몰랐다.

1980년대 잭살차를 손질하는 친정 어머니

2

잭살이란

토박이 홍차(紅茶秘法)
"잭살"

세계의 차 역사를 살펴보면 있는 자와 권력자의 편에 서서 문자를 기록으로 남긴 것을 알고 있을 것이다. 힘없는 부초 같은 삶을 살아온 입장에서 써진 역사물이나 기록물은 그리 흔하지 않다는 것을…. 문맹에 억압받고 "을"의 입장에서 기록한 변명도 많지 않다.

한국의 기본 맥을 잇고자 하는 제다인이라면 권력의 언저리에서 놀았다든지 학문이 높더라도 폭넓게 영향을 미친 경우는 많지 않고 순전히 차농의 본분에만 익숙해져 있었을 것이다. 그럼 초의선사는 제다인이 아니냐? 다산선생은 제다인이 아니냐?라고 반문할지 모르겠으나 그것은 한 면만 본 시각일 것이다. 제다인이 차를 바라보는 역사관은 다르다.

임금이 차를 마시고 승려나 양반들의 전유물이었던 차는 철저하게 농사만 짓고 차를 만들어 공물을 바쳤던 것을 구전이나 실습으로 전해져 오는 것 외에 기록된 것이 없는 것도 참으로 슬프다. 타인이 지시하는 대로 차를 따고 말리고 차를 만든 사람이 피지배자의 신분으로 차를 만들었다는 것을 간과하면 안 될 것이다. 피지배자의 처지가 아닌 지배자가 글을 적고 누린 일들을 입과 글로 전달한 현실이 제다의 역사가 되어 있다.

권력자들로부터 지시받고 하루하루 살기 급급한 민초들은 다동(茶童)이라는 예쁜 이름으로 포장까지 되면서 노동을 착취당하고 인권이 유린된 질곡의 세월을 살면서 흔적을 남긴다는 것은 쉬운 일이 아니었음을 짐작하고도 남는다. 지금 차와 제다에 관해 흔적을 뒤져 보지만 다동이나 제다인의 입장에서 관찰해 온 문서들은 찾지 못했다. 간혹 부모나 조부모 등 선대로부터 구전으로 물려받은 희미한 기억을 되살려 가정마다 제다인임과 동시에 차 농사꾼이며 약초꾼이며 권력에 예속되지 않은 주관자의 관점에서 茶를 이해한 이 책은 그 시각이 아주 다를 것이다.

이곳 화개는 제다인의 명맥이 손꼽을 정도로 이어오다가 산업화가 시작된 근대에 이르러 전문 제다인들이 폭발적으로 늘어났다고 표현해도 과언이 아닐 정도였다. 마을마다 차 농사를 짓지 않아도 찻잎을 수매하여 차를 덖었다. 사람들은 간혹 자신들이 최고의 조상을 모시고 제다를 이어온 전문 제다인 집안으로 7대 8대로 올라가기도 하는데 정말인지 아닌지 듣는 이도 헷갈리는 경우가 태반이다. 처음에 들은 사실들이 진실인 줄 알고 지나지만, 날이 가고 해가 바뀌면 본모습이 드러나기 마련이고 외부에서 보는 눈들은 진심으로 닿지 않게 된다.

즉, 원래 제다를 해 오던 사람은 비하하고 자신이 원조며 몇 대 후손이라 자처하며 거짓 사실들을 강조하고 존경의 대상을 자기 쪽으로 바꾸려는 행위를 흔하게 볼 수 있다. 차, 제다 그까짓 것이 뭔 대수라고 자존심을 구기고 부끄러움을 사는지 이해 불가하다. 제다는 해가 거듭될수록 고개를 숙이게 만드는 엄한 교사이다. 그래서 제다의 행위는 하루아침에 될 수가 없으며 어깨너머로 10년을 배웠다 해도 설익은 밥처럼 익지 않은 차 맛을 배울 수밖에 없다.

설령 차를 배웠다 해도 어디에서 배웠다는 말은 절대 하지 않으며 자기가 만든 차만이 최고의 명차라고 점잖지 못한 언행을 하고 있다. 급급한 변명은 말을 많게 하고 신뢰를 잃게 한다. 누구에게 제다를 배웠다고 손가락질할 사람들도 없고 제다를 전수해 준 사람에게 존경을 표한다고 위신이 꺾이지 않을 것이며 겸손한 마음으로 제다를 한다면 더 많은 분의 존경 대상이 되지 않을까?

제다인이 되는 길은 수학 문제를 풀듯이 복습하고 머릿속에 저장해야만 한다. 하면 할수록 두렵고 새봄이 오면 경건해지고 솥 앞에서 기도를 올릴 만큼 차는 많은 이들의 몸을 책임지는 역할이라는 것을 잊으면 안 된다. 차인의 세계는 다른 세계보다 존경받아야 마땅한 사람들이 많아야 한다. 그것이 차를 마시는 예의다. 시기하고 질투하여 인격에 상처를 주는 제다인이 되지 않았으면 하는 바람이 간절하다.

스타벅스에서 운영하는
미국의 티바나 동양차 체인점

그러므로 차는 제다인이 보는 시각과 먹물을 먹은 권력자가 보는 이해는 사뭇 물

과 불의 관계일 수도 있다. 그 괴리를 이해하기 쉽도록 서서히 이야기를 풀어나갈까
한다.

박람회 홍보 중인 4대째 차인

잭살의 변천사

그럼 왜 잭살일까? 지금은 "잭살"이 우리 지역 발효차의 대명사가 되었다. 작설 → 잭설 → 잭살로 변한 것은 구개음화 현상에 가깝다고 하겠다. 하동 사람들은 "ㅏ" 발음이 안 되는 특징이 있어서 자연스럽게 잭살로 됐다.

잭살이라고 말하게 된 것이 한 가지의 차에 특정된 것은 아니었는데 몇십 년을 발효차만 만들다 보니 생차와 작설(잭살)을 섞어서 부르게 되었고 잭살작목반 회원들이 의논하여 발효차를 잭살이라고 부르기로 정했다. 그때부터 1세대 전통 발효차 홍차의 이름이 잭살이 되었다. 지금 생각하면 아주 아쉽다. 잭살은 그대로 살리고 다른 브랜드를 만들었더라면 지금의 작설차와 잭살차에 대한 혼돈이 없었을 것 아닌가 싶다.

우리가 일제강점기를 지나면서부터 복잡한 과정의 덖음차보다는 잭살이라는 전통 홍차를 주로 가공해서 집집마다 약의 개념으로 음료로 먹었다. 일제강점기 때 부역을 당하고 곡식도 갈취당한 판에 뜨거운 솥 앞에서 차를 덖는 일은 감히 생각도 못 했을 것이다.

또한 시설도 필요하고 시간과 공간 이용이 까다로운 덖음차를 빚지 못하고 화개 지역에서 만들어 먹었던 약차, 시들려 쏙쏙 비빈 후 천을 덮어서 아랫목에 띄워두기만 하면 되는 차를 만들어 먹었고 그것이 전통으로 굳어졌다.

〈잭살과 생차〉

원래 잭살이나 덖음차나 원료가 같은 작설 잎으로 만들었고 일제강점기와 6.25를 겪으면서 뭉뚱그려서 잭살(작설)이라고 했다. 할머니와 나이 든 친척들 얘기로는 해방 이전에는 차 종류 구분 없이 잭살이었고 지금의 홍차는 쌩차(생차)라고 했었다.

거슬러 올라가면 토박이들은

*불에 익힌 차는 작설차라 불렀고

*시들려서 비빈 차는 생차(生茶)라고 했었다.

*1. 토박이들은 잭살이라고 부르기보다는 생차라고 한다.

　　정확히는 "쌩차"라고 발음한다.

*2. 쌩차는 민간용법의 비상 상비약으로 여기다 보니 생약의 개념도 강했지 싶다.

*3. 생차는 솥에서 열을 가하여 익히지 않은 차라는 의미도 있을 것 같다.

*정리하면 작설차(덖음차)와 생차(홍차)가 공존하다가 독립운동이니 6·25전쟁이니 해서 끼니 걱정이 앞서다 보니 복잡한 과정의 덖음차는 사장되다시피 하고 억센 찻잎으로 대충 비벼서 맛만 낸 생차 위주의 가공을 하게 되었을 것이다.

마당에서 햇볕을 쪼이는 잭살차

3

차의 말

우리 차 말

버젓이 잘 사용하고 있던 우리 차의 말이 사라지고 있는 것이 속상하다. 한자 문화권이라 당연히 공용할 수도 있지만, 우리말이 없어서 사용하는 것과 엄연히 우리 말이 있는데도 어쭙잖게 사용하는 것과는 근본적으로 다르다. 그런 어쭙잖은 변화는 받아들이지 않아도 되지 싶다. 하기야 지금 우리 젊은이들의 언어 절반이 영어니 어쩔 수 없는 현실일까?

대화 도중에 중국이나 일본식의 단어를 사용하는 사람들의 대화에 끼어들지 못할 때는 스스로 무기력에 빠질 때도 있다. 대화를 하다 보면 위조가 어떻고 살청이 어떻고 하는데 나만 멀뚱거리면 민망도 해서 덩달아 뱉어내기는 해 보지만 시간이 흐를수록 회의가 들어 머릿속이 복잡해질 때가 있다.

이제는 중국의 차 말들을 사용 안 하면 차를 모르는 사람으로 인식할 정도가 된 것 같다. 한탄할 지경이다. 입에서 나오는 말은 청산유수면서 차 공부나 제다 공부는 헛발질하는 차인들이 더러 있다. 정작 차의 분류도 모르면서 중국말을 끌어다 붙이는 것이 억지스럽게 보인다면 자격지심일까? 차를 모르는 문외한에 속하는 걸까?

1980년 후반 즈음부터 차가 본격적으로 산업화하면서 차인구가 늘어났다.

차에 대한 호기심으로 하동이 들끓었다. 주말 밤이면 차 체험을 오는 사람들로 온 동네가 복작거렸다. 봄이면 만물이 소생하듯 화개는 차 향기를 맡고 싶은 사람들의 심장이 살아 움직였다. 그러다 어느 순간부터 차를 녹차라고 말했다.

자라면서 차, 잭살, 작설, 생차라고 불러왔던 것을 모두 녹차라 했다. 한순간에 차나 작설차라고 불리졌던 말이 사라졌다. 녹차라는 말을 하동 사람들은 사용하지 않았다. 사용했지만 내가 몰랐을지도 모르겠지만 주변에서 녹차라고 하는 사람을 본 적이 없다.

차시장이 흥하면서 대도시의 전통 찻집 메뉴판에도 녹차라고 적혀졌다. 흔하게 사용했던 차, 작설, 잭살 같은 말은 온데간데없고 온통 녹차였다. 그때의 어색함이랄지 어수선함은 심적 부담이 깊어 어딘가 무겁다. 우리가 생산하는 녹차 씨로 짠 생

차씨. 한 알에 평균 1~5개의 씨방이 있다

기름이 있는데 중국, 대만에서는 동백씨 기름을 '차유'(茶油)라고 한자로 표기한다.

우리나라 사람들은 저렴한 동백씨 기름을 사 와서 차씨에서 짠 기름이라고 우긴다. 차유와 차씨유는 엄연히 다르고 그들은 동백꽃을 다화라고 한다. 그것을 구분하기 위해서만 어쩔 수 없이 '녹차씨 기름'이라고 표기하면서 녹차라는 말을 사용하고 있을 뿐이다. 중국과 대만에서 동백꽃을 다화라고하고 동백씨 기름을 차유라고 한

다는 것을 염두에 두었으면 한다. 그곳에서 차씨유를 사려면 반드시 영어를 확인해야 한다. "GREEN TEA SEED OIL"인지 "CAMELLIA SEED OIL"인지 확인을 해야 한다.

또 행정에서나 차인들은 하동차는 야생녹차라며 극찬을 아끼지 않았다. 야생녹차? 영어로 말하면 wild green tea. 알고 보니 돌차, 돌잭살이라고 말했던 것을 야생녹차라고 부르고 있었다. 종자를 파종하지 않고 스스로 발아하여 뿌리를 내린 식물에 돌배, 돌복숭아 등 '돌' 자를 붙여서 부른다.

차씨오일. 원칙적으로 차씨오일이라고 하는 것이 맞지만 중국의 차유와 비교하기 위해 녹차씨오일이라고 붙임

그래서 하동에서는 재배되지 않은 차를 돌차, 돌잭살이라고 불러왔다. 대부분 돌잭살(돌작설)이라고 했다. 어떤 이들은 돌잭살을 바위 돌 위에서 차를 말린 것을 돌잭살이라고 한다는데 결코 아니다.

한때는 "왕의 녹차"라며 전국에 광고 홍보를 얼마나 많이 하였던가? 창피한 일이었지만 그나마 행정에서 녹차라는 말을 수정하여 지금은 야생차라고 하니 다행이라고 해야 할 지경이다.

우리나라 차시(茶詩)를 찾아내어 꾸준히 군민들의 알권리를 충족해 주시는 분이 계시는데 정금마을 정경문 선생님이시다. 얼마 전 경경문 선생님의 글에서 일본에서는 예전부터 차를 청명(茗靑, 녹차)이라 했고 우리나라에서는 일본을 따라서 19

잭살 말리던 방법이 다양했던 과거에는 바위 위에서도 잭살을 말렸다

세기 초에 청명이라며 녹차라고 비유를 시작했는데 내가 보기에는 크게 '차'라는 말
과 ' 작설차'라는 말을 잠식하지는 못한 듯하다. 왜냐하면 1980년 이전에 하동 사람
들은 녹차라는 말을 사용한 사람을 본 적이 없기 때문이다.

　다만 일제강점기 때 일본 유학을 다녀온 사람들, 징용에 다녀온 이들, 일본식 교육
을 받은 사람들이 일본 녹차에 익숙했고 우리나라에도 좋은 차가 나온다니 하동의
차를 마시게 되면서 일본에서 습관적으로 말해 왔던 녹차라는 말을 두루 사용하게
되었고 하동 사람들은 무의식중에 그대로 답습하여 스며들게 된 말이 되었던 것 같
다. 머리에 먹물 든 사람들이 유식하게 녹차라고 하니 당연시하며 같이 녹차라고 사
용하게 된 것이었다.

　피아골 중기마을 뒷산에 큰외삼촌이 일본에서 차씨를 들여와 심어 놓았는데 외가

식구들은 녹차라는 말은 사용하지 않았다. 말쑥하게 차려입고 고상하게 말을 하는 사람들이 와서 중국차는 어떻고 저떻고 하니 멀뚱하게 듣고 고개만 끄떡이다가 같이 동화되어 중국식의 용어도 자연스럽게 차계에서 같이 사용했다.

바위가 많은 부모님이 조성했던 차밭

부모님이 조성했던 차밭에는 물 빠짐이 좋고 큰 바위가 많아 차맛이 좋다

매봉재 아래의 부모님이 조성했던 차밭

이뿐만이 아니다. 차를 만드는 공간에서도 듣도 보도 못한 중국말들이 쓰이고 있다. 차를 좀 배웠다며 어깨를 펴고 다니는 사람들은 우리 차에도 중국식 제다법 용어를 끼워 맞춰 사용하고 있다. 중국차에는 중국식 제다 용어를 당연히 사용해야겠지만 우리 차에는 어울리지도 않고 맞지도 않는 단어들이다. 남의 옷과 신발을 신고 좋다고 헤죽헤죽 웃는 듯한 모습이 연상돼서 상당히 슬프다.

* 찻잎을 따다
* 찻잎을 시들리다
* 차를 덖다
* 차를 비비다
* 차를 띄우다
* 차를 말리다
* 차를 빚다
* 차를 털다
* 백차를 마름하다
* 차솥에 익히다

등 당연히 선대부터 사용해 오던 우리말들이 있는데 채엽, 위조, 살청, 홍배, 건조 등등이 사용되고 있다. 우리 차를, 본인들의 차를 정말 잘 만드는 분들이 언어의 줏대는 중심을 잃었다. 솔직히 2000년대 초반만 하더라도 차 맛은 시소처럼 차이가 났다.

그러나 지금은 우리 차를 하는 모든 분의 노력으로 거의 상향평준화되었고 나무랄 데가 없다. 그런데 왜 중국이나 대만, 일본 사람들을 모셔와서 차 교육을 받으면서 우리말을 격하시키며 중국식 용어와 중국식 차를 만드는지 슬프다. 우리말을 사용하면 수준이 뒤떨어져 보이는 것이 이유는 될까?

우리 지금부터라도 우리들의 차 말을 이용했으면 하는 바람이다. 중국의 차 말을 사용하는 사람들이 비빈다, 시들린다, 털다라고 하면 못 알아듣는 것도 신기할 뿐이다. 이제는 우리 식의 차를 만드는 공간에서 누가 위조, 살청, 홍배, 유념 따위의 말을 하면 따끔하게 혼낼 자존심도 갖췄으면 하는 간절함을 토해 본다.

고차수 잎으로 잭살을 빚기 위해 찻잎을 찾아
밀림지역으로 들어가는 입구

차를 마실 때는 어떤지 살펴보면

* 차 주전자
* 식힘 사발
* 찻잔
* 차 숟가락
* 차통

등의 우리말이 있음에도 다관, 탕관, 숙우, 차시, 차호 등으로 뒤바뀌어 있다. 그러면서 중국식 찻잔을 많이 사용한다. 취향이 그렇다면 어쩔까마는 우리말 우리 차에 조금만 관심을 가진다면 충분히 절제되고 세련된 우리 그릇으로 편안한 차 자리를 가질 수 있다. 문화의 잠식은 정신의 말살이라고 여기지 못한다면 자존감은 빵점이다.

황차(가운데)와 홍차잭살(오른쪽 끝)을 비교하는 중

요즘 차 그릇을 만드는 분들의 가마도 어렵다고 한다. 우리 차 그릇을 사용하지 않다 보니 자연적으로 가마 문을 닫는 분들도 늘었다. 어느샌가 우리 홍차도 자사호나 유리그릇에 따라서 손님 접대를 하는 분들이 늘었다. 대중문화는 고급화시키는 것도 우리요, 저급 문화로 떨어뜨리는 것도 우리다. 문화는 올곧은 중심이 없으면 오래 가지 못한다. 어쩌면 설 자리를 스스로 무너뜨리는 것은 아닌지 깊이 반성해 본다.

명기들. 내세의 편안함을 기도하면서 묻었던 부장품

잭살의 의태어

* 빠시락빠시락 - 찻잎이 많이 시들려졌을 때
* 빠들빠들 - 찻잎이 잘 비벼졌을 때
* 빼닥빼닥 - 찻잎이 잘 말려졌을 때
* 삐들삐들 - 찻잎이 약간 덜 말랐을 때
* 빼달빼달 - 수분이 많이 휘발했을 때

모두 비슷한 말 같지만, 암호 같은 저 단어와 억양으로 아이들과 어른들은 소통했다. 찻잎을 넣어놓고 일 갈 때는 차이파리가 빠시락빠시락하거든 보자기에 싸 놔라, 찻잎이 빠들빠들할 때까지 비벼라, 차를 말리고 있으니 뽀들뽀들해지면 걷어라, 아직 차가 덜 말라서 삐들삐들하다. 벌써 차가 빼달빼달해졌네. 등등 알 수 없는 의태어를 잘도 알았다.

예전에는 아장아장 걸음마만 해도 지팡이 짚고 다녀도 남녀노소 할 것 없이 노동

공동체였다. 농사든 살림이든 모두 몸으로 해야 했던 시절, 자식들은 왜 그리 많이 낳았는지. 밥을 할 때면 군불 때서 밥을 하는 것은 어른들 몫이지만 집에 있는 자식 누군가는 쌀을 씻어 놓고 보리쌀을 갈아서 앉혀 놔야 했다.

잭살도 마찬가지였다. 차를 비비고 띄우는 과정은 어른들 몫이었지만 뒤치다꺼리는 가족들 누군가 도와야 했다. 몸은 하나지 일은 백 가지 아니던가? 그러다 보니 길게 말할 시간도 없다. 짧게 신호를 주고 가면 자녀들은 알아서 일했다. "아직 차가 삐들삐들 하군! 더 놀아야지."

아침에 마시기 좋은 백로에 빚은 잭살

차, 작설, 잭살, 생차

어릴 적 하동에서는 차나무나 차나무 이파리로 만든 차를 "차, 작설, 잭살, 생차"라 부르면 공존한 언어였다. 송나라 문인이 '고려인들은 茶를 차'라고 했다는 것을 보면 고려 시대는 작설과 더불어 차라고 불린 것 같다. 조선 말기부터 차도 언어의 혼돈 시대를 맞게 되었다.

일제강점기와 6·25전쟁은 먹고 사는 것이 저승 문 앞이라 여길 만큼 복잡하고 핍 박받은 과정에서 작설차는 잭살이라는 이름만 남겼다. 차를 만드는 방식도 복잡한 과정은 버리고 단순한 과정만 남았다. 그 와중에 생차는 잭살에 꼽사리 껴 가끔 불 려지고만 있었던 이름이다.

하동 사람들의 특이한 발음 때문에 작설도 잭살, 생차도 잭살이 되었다. 그냥 같 은 차 이파리로 만드니 "너도 작설이다."라고 하며 사투리로 잭살이라고 불렀고 지 금의 잭살은 사실은 쌩차(생차)였고 잭살은 작설차(덖음차)의 자리를 꿰찬 것이다. 잭살과 생차는 다른 이름 같은 방법의 차다. 언어의 이란성쌍둥이라면 이해가 쉬울 것이다. 잭살과 생차는 생활 음료와 약용으로 간신히 버텨 왔다.

1962년 조태연 일가가 화개 용강마을에 터를 잡으면서 김복순 할머니께서 잊혀졌던 덖음 방식의 작설을 재현시키셨다. 덖음 방식의 잭살도 다시 되살려질 줄 알았다.

그러나 너무 많은 시간이 흐르다 보니 사람들은 조태연가의 브랜드 '죽로차'를 작설잎으로 만드는 덖음차의 대명사로 인지를 했다. 실제로 6, 70년대에 옆에 같이 살았던 우리도 작설차라고 부르지 않고 죽로차라고 불렀다. 지역민들이 지금의 조태연가 작설차를 입으로 홍보를 한 셈이다. 그래서 아직도 덖음차를 죽로차라고 하는 나이 드신 분들이 많다.

열심히 차를 덖는 4대 전수자 김재중

조태연가에서 만드는 작설 죽로차가 하동 덖으면 방식의 대표적 작설차처럼 됐다. 조태연가에서 만드는 죽로차는 작설로 만드는 작설차인데 작설이라는 이름은 되살려지지 않고 죽로차가 승승장구했다. 정리하자면 1960, 1970년대에는 하동의 덖음차는 죽로차, 지금의 홍차 방식의 발효차는 잭살로 된 것이다.

수십 년간 이것도 잭살, 저것도 잭살이라고 하다가 근대부터 홍차처럼 만드는 잭살만 잭살로 남았다. 그렇게 하동 사람들의 머릿속에 든 생각과 입에 익은 잭살(작설)이 사투리 잭살로 남은 것이다.

한 가지 짚고 넘어가야 할 것이 있다. 대부분 사람은 조태연가 고·김복순 할머니께서 일본의 덖음차 방식을 우리나라에 전파했다고 하는데 산청이 고향이신 김복순 할머니께서 일본에 가시면서 우리나라 지리산 쪽의 덖음제다 방식을 일본인들에게 가르쳤다. 그 자료는 3대째 대를 이어가고 있는 조윤석 대표에게 모든 자료가 있으니 확인하시길 바란다. 그리고 제발 우리 차를 비하하지 마시라.

우리가 화개의 고차수를 2년 정도 찾아 헤매서 출판한 '차신'을 본 사람들은 알겠지만, 지리산에는 수백 년 된 차나무가 많이 있다. 하동뿐만 아니라 함양, 산청, 구례, 남원 등지에 오래된 차밭이 많이 있다.

하지만 지리산은 특히 하동 화개 지역은 어릴 적 70년대 중반까지도 삐라도 많이 떨어져 있었고, 특수부대가 있어 군용 차량이 무장한 군인들을 실어 날랐다. 날마다 낙하산이 하늘에서 줄줄이 내려왔다. 나라에서는 날마다 공비소탕이니 간첩이니 하는 마당에 먹으나 마나 한 차 한 사발 끓여 먹겠다고 목숨 걸고 산으로 차 따러 가진 못했다. 당시에는 재배차가 없었을 때다. 까딱하다가 간첩으로 몰릴 수도 있고 간첩들에게 잡힐 수도 있던 시절이었다.

하동의 오래된 차나무들을 찾아다니면서 몸으로 느꼈지만, 차나무가 살아남아 있는 곳은 대부분이 옹색하기 짝이 없고 길이 없어서 아슬아슬하게 위험을 느끼며 다녔다. 그렇게 한 줌의 잭살은 어렵게 지금의 '차'로 살아남은 것이다. 덧붙이자면 지리산권의 차나무는 생각보다 광범위하게 퍼져 있고 하동에서도 화개면뿐만 아니라 곳곳에 차나무가 있다. 악양면 매계리의 우리 큰댁 뒤 대밭에도 고목 차나무가 많았는데 그중 몇 그루는 악양의 아는 분 차밭으로 옮겨 심어졌다.

이 고차수에서 딴 찻잎으로 2021년 잭살을 빚었다

뱀 뒷다리 같은 말 한마디 덧붙이자면 10여 년 전에 면사무소에서 전화가 왔다. 캐나다에서 오신 분들이 우리 부모님을 찾는다고 해서 만났는데 나를 보자마자 "아이고 네가 트럭에 깔려서 살아남은 애구나?"라고 하셨다.

당시 특수부대의 소대장 부부였고 제대해서 72년도에 캐나다에 이민을 갔다. 부모님께서 신혼이셨던 두 분께 잘해 주셨던 모양이다. 한국에 다니러 왔다가 부모님을 찾게 되었는데 부모님은 돌아가시고 스님이 된 작은오빠랑 같이 만났다.

다섯 살 때부터 허약했던 나는 친구들과 신작로에서 놀다가 군용트럭이 오니 친구들은 피했는데 걸을 힘도 없었던 나는 그대로 군인들이 타고 있던 큰 트럭 밑에 깔렸다. 다들 죽은 줄 알았는데 급정거한 트럭 밑에서 멀쩡히 기어 나왔다고 했다.

큰언니는 지금도 나를 업고 키우고 학교에 업어다 주느라 공부도 제대로 못 하고 친구들과 놀지도 못했다고 억울해한다. 이 자리를 빌려 날 학교에 업어다 주고 가방 들어다 준 큰언니, 작은오빠께 고마움을 전한다.

4

잭살과 생차

전통방식으로 잭살을 빚기 위해 하지 무렵에 딴 찻잎

시들림이 잘된 1차 발효

1차 비비기와 띄우기가 끝난 잭살

2차 비비기와 띄우기가 끝난 잭살

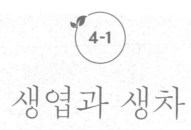

4-1

생엽과 생차

사람들은 생엽과 생차를 구분 짓지 못해서 갈팡질팡한다. 어떠한 방식이든 가공되어야만 '차'라고 붙일 수 있다.

* 생엽 : 차나무에 붙어 있거나 찻잎을 따서 가공하기 전의 생것의 찻잎.

생엽은 차나무에 붙어 있거나 시들림 조차 되지않은 싱싱한 찻잎

＊생차 : 솥에서 익히거나(덖음) 데치거나(증제) 시들리거나(홍차, 청차 등의 1차
　　가공)

　　완전히 말린 차(백차) 등 차의 가공공정이 한 가지라도 포함된 차.

생차는 시들렸거나 비벼졌거나 띄운 상태

　　즉, 생엽은 차나무에서 이파리를 따서 가공을 기다리는 싱싱한 잎이며 생차는 어
떠한 방식이든 싱싱함을 잃게 만들어 차가 만들어지는 순서에 포함된 찻잎을 말한
다. 찻잎의 시들림도 1차 가공이다.

생차의 먼지와 가루를 제거하는 모습

원지생차란 무엇인가

1993년 3월에 엄마가 만들어 준 잭살과 덖음차를 등에 업고 부산 금정구에 원지당이라는 찻집을 열었다. 원지는 딸의 아호였다. 호적에 지금의 이름보다 원지를 올리고 싶었는데 친정에서 산후조리 하는 사이 남편이 다른 이름을 올렸다. 그것이 못내 아쉬워서 가게 이름으로 등록을 했다.

당시에는 덖음차 케이스는 원통으로 된 기성 차 통이 있었지만, 전통 홍차 잭살은 상품화하지 않은 때라 발효차 차 통을 따로 제작하여 사용하였다. 이름은 '원지생차'였다. 그때만 해도 우리 집안에서는 잭살보다는 생차라고 불렀기 때문에 원지라는 가게 이름에 생차를 붙여서 "원지생차"브랜드를 만들었다.

＊'원지생차'의 전각 글씨는 부산 금정구 구서동의 전각 대가이신 〈우헌 김남국 선생님〉께서 직접 글을 써서 전각까지 깎아 주셨다. 여전히 내 마음의 우상이신 분이다. 인품이나 실력이나 모두 30년이 넘은 인연으로 함께 하고 있다. 동양의 전각 대가이신 석불 선생님의 제자이시다.

한때 목압마을 제다업체의 대부분 차 통 브랜드 제목 글을 나의 소개로 우 헌 선생님께서 기꺼이 써 주셨다. 그래서 아직도 목압마을 제다인들은 우헌 선생님을 모두 기억하고 있다.

* 원지생차의 차 통 디자인은 내가 20대 초반에 그래픽디자인을 호되게 배웠던 남포동 〈새론기획 이남연 대표님〉께서 직접 해 주셨다. 이남연 대표님은 부산에서 처음으로 그래픽디자인을 도입하신 프로그래머였고 실력 또한 독보적이다. 가을이면 일본 사람들이 배를 타고 이남연 대표님께 각종 케이스, 인쇄물, 스티커 등 그래픽디자인을 하기 위해 분주하게 오고 갔다. 덕분에 우리도 매우 바빴다. 당시에는 열정 페이를 받아서 내 몸무게가 39㎏ 정도였다.

* 원지생차 차 통 인쇄는 디자인 사무실 다닐 때 거래처였던 인쇄소 사장님께서 해 주셨는데 인쇄소가 없어졌고 상호가 기억이 안 난다. 배가 살짝 나오고 웃는 미소가 일품이었고 날 참 예쁘다 해 주셨는데 기억이 가물거린다. 이 인쇄소도 제판 업체 중에서 부산에서 제일 컸었고 인쇄비도 저렴하게 해 주셨다.

1993년 만들어진 원지생차 잭살
(원지는 딸 유정이의 아호)

원지생차의 차 통이 인쇄되어 나오고 전통 발효차 잭살의 명맥과 가업을 이은 제품이 담기게 되자 기분이 너무 좋아서 힐쭉힐쭉 웃었던 기억이 난다. 30년 전 제작했던 원지생차 차 통은 잦은 이사로 몇 년 전부터 보이지 않아 속이 상했는데 용강마을 〈호중거 오금섭 대표〉가 2001년쯤 찍어 두었던 사진을 찾아 줘서 고마움을 이 글에 전한다. 우리 금순이 고맙데이! 대학 다닐 때 얼굴이 하얗고 너무 예뻐서 딸이랑 내가 그렇게 불렀다.

전통 발효차인 잭살을 상품화하면서 원지 생차가 나온 배경에는 나름대로 자존심이 상한 일이 있었다. 부산은 예나 지금이나 문화 수입 1번지다. 차 문화의 수입도 최고로 빨랐다. 원지당을 개업하자마자 중국, 일본, 대만의 보따리 상인들이 보이차, 우롱차, 일본 말차, 현미차 등을 가지고 와서 영업했다.

아직도 이름만 대면 쟁쟁한 차 선생님 한 분이 '기문홍차'를 가지고 와서 권하길래 30g에 20만 원을 주고 샀다. 1993년경에 20만 원은 제법 큰돈이었다. 그런데 가진 것도 없는 20대 후반에 그 차를 덜렁 사서 먹어 봤다.

당장 우려서 먹어 보니

"홈마야? 우리 집에서 늘 먹던 그 잭살이잖아? 이 차가 무슨 금덩어리야? 비싸기만 하네. 맛도 우리 집 잭살과 다를 게 없잖아?" 백로 잭살 같은 맛이었다.

그리곤 그 선생님께 친정어머니께서 딸이 감기에 걸리면 먹이라며 만들어 주신 잭살 맛을 보여 주었고 그분도 우리나라에 이런 차가 있는지 몰랐다며 신기해하고 놀라워했었다. 그날이 원지생차의 탄생 배경이다.

원지당에서 출시한 하동 전통 발효차 '원지생차'의 최초 가격은 100g당 이만 원이었다. 생엽 1kg이 완제품으로 약 200~250g이 생산되었다. 1993년 기준 덖음차 세작이 100g당 소비자 가격이 삼만 원이었다. 30년간 인건비는 4배가 올랐는데 차의 가격은 두 배도 못 올랐다. 그만큼 차의 인기는 시들해졌다. 쉽게 말해 지금은 인건비와 부자재 비나 세금 떼고 나면 그냥 바퀴 없이 굴러가는 마차 같다.

두돌이 지난 딸이 부산시 금정구 구서2동의
원지당 찻집 앞에서 포즈를 취하고 있다

고전 잭살과 신식 홍차

그러나 화개에도 고급 홍차가 1962년부터 생산되고 있었다. 작고하신 화개제다 홍소술 명인의 홍차는 당시 전국의 다방과 산다는 집에서는 못 구해서 안달일 정도였다. 산업화한 우리나라 최초의 홍차였다. 만드는 방식은 전통 방식이라기보다는 선진화되고 기계화된 홍차 제다 방식이었다.

일제 강점기때 우리나라에서 만든 외사기 다기

우리처럼 띄움 방식이 아니고 기계에다 계속 돌리다 보면 찻잎의 수분이 날아가고 자가 발열을 하면서 산화가 되는 방식이었다. 그래서 잎차의 형태는 제대로 갖춰지지 못하고 가루 홍차에 가까웠으니 맛도 차 빛도 진했다.

1970년대 초반에는 찻잎과 홍차가 부족했다. 현재 화개제다 홍순창 대표님의 말을 빌리자면 근대화가 되면서 다방이 많이 생기고 다방에서 커피와 함께 홍차를 판매했는데 공급이 수요를 따라가지 못했다고 한다.

화개의 찻잎을 많이 수매하여 화개 사람들은 부족한 찻잎으로 잭살을 못 만들게 되자 차밭이 없는 사람들은 상품성이 떨어지는 화개제다의 홍차무거리(줄기)를 사다 먹었다. 한 되에 천 원이었다. 그 맛이 일품이었다고 동네 분들은 전한다.

아마도 전통 홍차의 쌉쌀하고 맑은 맛만 보다가 신식으로 과학화된 진한 홍차 맛을 봤으니 입 호강이 따로 없었다고 사람들은 전한다. 홍소술 명인께서는 하동의 차를 산업으로 이끈 몇 명 안 되는 거장 중의 한 분이었다. 삼가 고인의 명복을 빈다.

우리 전통 홍차는 시들려서 비비고 띄우는 과정을 손으로 비비고 띄우고 반복하여 찻잎이 자가 발열을 하도록 유도했다면 외국의 선진화된 홍차는 띄움 방식이 아니라 기계를 이용하여 계속 비벼주고 돌리면서 찻잎의 자가 발열을 시킨 것이다. 어떤 것이 좋다 나쁘다 옳다 그르다는 없다.

구한말 우리나라에서 만든 다기

홍차는 제다인이 인위적으로 열을 가해주는 것이 아니라 찻잎 스스로 열을 품을 수 있도록 유도해 주는 역할을 할 뿐이다. 찻잎이 열을 잘 품을 때 손을 넣어 보면 35도 이상으로 뜨거울 때도 있다. 이렇게 하기는 쉽지 않지만, 햇빛 좋은 날 딴 찻잎을 잘 시들려서 비벼 띄우면 이런 현상은 흔하다.

4-4

잭살과 오차

1970년대까지 일제강점기의 터널에서 벗어난 지 수십 년이 지나도 일본 용어들이 많이 남아 있었다. 대표적인 것이 잭살을 '오차'라고 했다. 우리도 외사기 잔에 잭살을 따라 마실 때면 뜻 모르고 오차라고 했다. 어른들도 집에 손님이 오시면 뜨거운 잭살을 내놓으며 오차 한 잔 드시라며 권했다. 가족들끼리 먹을 때는 잭살 마

외사기 종지. 보통 술잔도 되었다가
찻잔도 되었던 종지

시라고 말하고 손님이 오시면 손님용 외사가 잔에 따라 주면서 오차 드시라고 했다.

오차는 일본에서 차를 우대하는 표현 또는 예쁘게 부르는 단어이다. 하지만 모든 차를 오차라고 하지는 않고 녹차지만 갈색이 나는 것을 의미한다. 일제강점기와 6·25전쟁이 끝났던 1960년대에서 1990년대까지 잭살, 오차, 생차를 혼용해서 사용

하였다. 그러다 잭살작목반이 생기면서 '잭살'이라고 명명하고 브랜드가 나오면서 생차나 오차라는 말은 서서히 줄어들고 하동 전통 발효차의 대명사는 잭살이 되었다. 시대에 유행하는 음료가 시대에 맞는 언어로 자리 잡았다. 아직도 하동 토박이면서 70세 이상인 분들은 생차라는 말을 주로 사용한다.

다기로 만들어졌으나 차가 없는 지방에서는 유기로 사용했다

지금도 많이 아쉬운 것은 잭살은 작설의 하동 방언이니 백차, 덖음차 등 모든 것을 작설차의 총칭으로 남겨 두고 전통 홍차는 잭살생차나 생차로 할 것을 싶은 맘이 솔직히 있다. 그렇게 차, 잭살, 생차, 오차 등으로 부르다가 이제는 하동 전통 홍차의 대명사는 잭살로 완전히 굳어졌다.

구한말 유병도 되었다가 주병도 되었다가 장병도 되었는데 하동에서는 차 주전자로 사용되었다

잭살 산화와 멋

잭살은 시들려서 비비는 순간부터 산화가 일어나는데,

*어린잎부터 갈변이 먼저 시작된다.

*큰 잎일수록, 억센 잎일수록 산화 과정은 더디다.

*세 번째 잎이나 네 번째 잎은 거의 산화가 잘 안된다고 봐야 할 것이다.
  어두운 녹색 정도로 변색한다고 보면 된다.

발효 색을 보고 찻잎이 산화가 잘됐는지 판단하기는 어렵다. 전체적으로 찻잎이 가진 수분, 즉 습도가 어느 정도인지 가늠하여 판단하는 것이 좋다. 경험이 많을수록 찻잎을 만져 보면 금방 알 수 있다. 습도가 적정한지 수분이 어느 정도 제거가 되었는지 찻잎의 색감이 골고루 발색이 되었는지 또 가스가 어느 정도 분출되는지 등 제다인만의 노하우를 가지는 것이 중요하다.

이상한 것은 발효가 정점에 이르렀을 때 발효 바구니 주변에 있으면 잠이 쏟아진다. 발효실에 들어가면 일이 힘든 것이 아니라 차가 뿜어내는 특유의 향과 가스가 나오는데 이때는 잠과 사투를 벌여야 한다. 가스가 절정에 달했을 때 차의 발효도 최고조에 달한다. 자가 발열도 잘 일어나 원하는 발효 정도를 보고 차 말리기에 들어가면 된다.

질은 연둣빛이었던 찻잎이 산화가 되면서 비비고 띄우기를 반복하여 다 말려지면 검은색에 가깝다

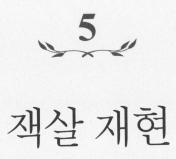

5

잭살 재현

잭살의 방황

한창 차 붐이 일고 하동 차가 우리나라를 찻물로 적셔지기 시작하자 제다를 하겠다며 2000년대 중반 이후 귀향과 귀농이 빈번해지고 산업화가 진행되면서 너도나도 차업에 뛰어들었다. 행정에서도 이런 농민들의 열정을 뒷받침해 주기 위해 군 행정과 차 관련 단체에서 일본, 대만, 중국, 인도 등에서 막무가내로 강사를 초빙하여 홍차 제다에 관해 줄기차게 교육했다.

2000년대 후반부터 적극적으로 진행된 홍차 교육은 우리 전통 홍차와는 완전히 다른 청차로 분류되는 제다법이었고 이에 경악하지 않을 수 없었다. 우리 전통 홍차는 터부시하고 맛과 향이 비슷하다고 6대 다류의 범주 안에서 홍차가 아닌 청차를 교육받아야 했던 현실에 통곡부터 먼저 나왔다. 나도 빠지지 않고 열심히 교육을 받으러 다녔다. 외국에서 차를 만들면 다 명차, 명인인 줄 아는 행정의 무지함에 치밀었던 울화는 아직도 가라앉지 않고 있다. 멀쩡히 차에 대해 잘하고 있던 사람들도 갑자기 행정의 교육에 자신이 있던 상식마저 저당 잡혀서 그동안 해 왔던 방식을 다시 뒤집어 버리는 결과도 있었다.

전통 방법으로 홍차를 제다한 차는 차로서의 예우를 받지 못했다. 더불어 발효차를 배우겠다며 중국 윈난성을 맨발로 찾아가서 배우고 왔다. 홍차를 배우겠다면서 흑차 생산지에는 왜 갔는지 모르겠지만 배워서 남 주지 않고 상식을 벗어나지 않는 차를 만드니 그 점은 이해한다. 그런데도 홍차를 황차라고 알고 있고 만드는 차는 청차 제다법이었다. 한국 전통 홍차인 잭살 제다는 예나 지금이나 외국의 여느 차 못지않은 아주 훌륭한 차 맛을 낸다. 우리 차는 사계절이 뚜렷하여 습도는 적당하고 엽록소도 옅은 편이라 산화가 덜 일어나는 특성이 있다. 무조건 외국의 홍차와 비교하는 우를 범하면 안 된다.

1990년대 초반유명세를 탄 기문홍차를 맛본 후 우리 잭살차가 이에 못지않다는 자부심을 가지게 되었다

전통 홍차 잭살이라면서 동방미인 청자 흉내를 내는 제다인이 있다

외국에서 강사를 모셔와서 비싼 대가를 지급하며 줄기차게 교육을 한 행위는 우리 전통 홍차에 대한 무지 내지는 깔봄이 아니었나 생각한다. 결과를 말하면 그들에게 내가 배운 차는 모두 청차 제다법이었다. 농민들은 그렇게 공부를 한 결과는 동네 어른들이나 토박이들에게 주위들은 하동의 전통 홍차 제다법과 해외 제다사들에게 교육받은 청차제다법이 섞이게 되었고 또한 해외에서 기계를 수입하여 기계차와 수제차가 섞여져서 홍차라고 말을 하면서 청차를 제다하는 웃지 못할 상식 밖의 차가 존재하게 되었다.

이재용 영화감독님이 전통잭살에 큰 관심을 보여 열심히 설명하고 있는 모습. 직접 사진을 찍어 주셨다

특히 대만의 동방미인차를 본뜨는 사람들이 많아졌다. 마치 동방미인이 좋은 홍차의 목표치가 되어 버렸다. 하지만 억울하게 생각들 하시라. 동방미인차는 청차임을 명심해야 한다. 지금은 동방미인차 만드는 방법이 심화되고 진화되어 토착화 되어가는 과정이다. 지금이라도 본인이 전통 홍차 잭살을 만드는 사람이라고 여긴다면 홍차의 정의를 정확히 알아서 동방미인 만드는 방법이 아닌 우리 전통의 방법대로 하는 것이 옳을 것이다. 그것이 싫다면 본인 차는 홍차가 아니라 청차임을 밝혀야 할 것이다.

차를 만드는 사람이 권하는 차를 마시는 사람들이 맛을 본들 알 수도 없고 차의 탕빛을 본들 알 수 있는 것도 아니다. 제다인들이 전통 홍차라고 말하면 곧이들을 수밖에 없다. 줏대 없이 차를 만드는 사람들도 문제지만 마시는 차인들도 비판만 할 뿐 차를 구분 짓지 못하는 것은 차의 방향을 갈 지(之) 자로 가게 만드는 요소가 된다. 이왕 만들고 이왕지사 마시는 차 조금 더 신중해졌으면 하는 바람이다.

수제차를 하는 제다인들은 일일이 손으로 티끌작업을 한다

잭살은 하지차, 백로차

잭살용 찻잎은 어떠한 찻잎을 사용해도 되지만 대부분 하지 전후에 따서 만들었다. 사월, 오월 차는 상부 조직에 떡차를 만들어서 공수하기도 했지만, 잭살처럼 약의 개념으로 먹기 위해서는 습도도 높고 일조량이 많아야 하므로 하지 전후의 찻잎이 좋았다. 장마가 일찍 와서 겨울용 비상 약차가 부족하면 9월 백로 무렵에 만들기도 했다.

잭살을 꼭 늙은 찻잎으로 만든 것은 아니었을 것이다. 봄 차는 모두 상납하고 남은 차를 몰래 만들다 보니 늦봄이나 초여름이 되었을 것이고 것이며 잭살을 더 만들고 싶어도 곧 찻잎은 쇠어서 뻣뻣해지고 마니 백차처럼 말려서 여름에 먹기도 했다. 우리 집은 할머니 댁에 작은오빠가 빨간 줄 완행버스를 타고 토요일 오후 세 시 버스를 타고 가져다주고 부족하면 그냥 쇠어진 찻잎을 쓱 비빈 둥 만 둥 해서 아랫목에 말렸다가 끓여 먹기도 했다. 백차와 홍차의 중간 사이쯤 되는 차였다.

잭살용 찻잎은 지리산의 특성상 습도가 어느 정도 높아지는 5월 말에서 7월까지 딴 찻잎이라 그리 고급 찻잎은 아니었다. 당시에는 찻잎이 있어야 차를 만들 수 있었기에 국사암 뒤편, 쌍계사 내원골 아래까지 가서 잎이 크든 작든 찻잎이 늙지만 않았다면 막 훑어서 만들었다.

1980년대 초반만 하더라도 화개골은 재배되는 차나무가 많지 않았다. 6·25전쟁 직후는 공비를 소탕한다는 명목하에 숲에 불을 많이 질렀고 그나마 듬성듬성 난 어린 차나무는 땔감으로 다시 베어졌다. 어릴 때는 쌍계사 뒤편이나 국사암 주변과 현재 야생차 시배지 등 서너 곳에서만 차나무를 볼 수 있었다.

찻잎이 잘 시들려 졌는지 공중에서 찻잎을 뭉쳐서 떨어뜨려 보는 모습

(1) 하지차

* 색이 어둡고 떫은맛이 진하며 거칠고 단맛이 적다. 9월에 햇빛에 차 먼지를 날리고 햇볕을 쬐어 주면 10월부터 감미로운 과일 향이 난다.

(2) 백로차

* 색이 밝고 떫은맛이 약하며 단맛이 진하고 부드럽다. 처음부터 과일 향이 나지만 혀끝이 아린데 11월이면 아린 맛은 사라진다.

잭살 마시기

예전에는 상수도가 제대로 되어 있지 않아서 우물물이나 계곡물을 먹었기 때문에 배앓이를 많이 했다. 당시에는 냉장고도 없었으니 당연히 식중독도 많았다. 그래서 물은 반드시 끓여 먹었는데 보리차보다 잭살차를 끓여 마셨다. 지역의 특작물답게 차의 기능성 역할이 충분히 있었다. 겨울에는 뜨겁게 끓여 마셨고 여름에는 우물에 담가 차게 먹기도 했다.

잭살은 무조건 무쇠솥에 팔팔 끓여 마셨다. 하물며 팔팔 끓인 잭살을 화롯불 위에서 다시 끓이기도 했다. 정제되지 않은 우물물이나 계곡물에 대한 의심으로 끓여 마셨고 산골이라는 특성과 혜택 없는 보건 덕에 차의 존재는 더 굳건해졌다고 봐야 할 것이다. 아파도 한의원이나 병원이 없어 갈 곳이 없고 그냥 뜨거운 차나 끓여 마시면서 견뎠다.

* 기력이 없거나 우울할 때는 인동꽃을 말렸다가 잭살과 끓여 마셨다.

* 배가 아프면 돌배를 추가해서 끓여 마셨다.

* 목이 아프면 모과를 추가해서 마셨다.

* 열이 나면 토종 유자를 넣어 끓여 마셨다.

* 당뇨가 있으면 댓잎을 넣어 끓여 마셨다.

그뿐인가 무쇠솥에 차를 끓이면 중금속이 우러나올 것을 염려하여 사금파리를 함께 넣고 끓였다. 한여름 설사를 하면 뜨거운 찻(茶)물에 보리밥을 말아먹었다. 차의 타닌이 설사를 잘 잡아 주었을 것이다. 하동 사람들은 이질감 없이 지리산에서 많이 나오는 흔한 열매 약재들과의 연합으로 몸에 맞춰 차를 끓여 마셨다. 이만한 맞춤 과학이 없다.

잭살 브랜드가 많은 이유

2001년 잭살이라는 브랜드를 주식회사 단천에서 상표등록을 하기로 했다. 지금은 상표등록과 특허등록을 많이 취득해서 쉽게 할 수 있지만, 과거에는 상표등록의 의의를 몰랐다.

상표등록이 뭔지도 모르고 잭살이라고 불리는 경위를 쭉 나열하였다. '작설차라고 불러야 하는데 하동 사람들은 "ㅏ" 발음이 제대로 되지 않아서 "ㅐ"로 발음한다. 학교를 "핵조"로 발음하고 강을 "갱"으로 발음한다.'라고 상세히 설명했는데 거절이 되었고 '사투리도 고유명사'라 누구나 사용할 수 있다는 거절사유서가 왔다. 그 사실이 알려지고 발효차 이름 끝에 잭살이라고 붙이는 업체가 자연스럽게 많아졌다. 국수, 국시가 같은 표준어이며 누구나 사용 가능한 것과 같은 맥락이다.

왜 우리는 '작설' 발음이 잘 안될까? 혀가 짧은 것도 아닌데 작설은 어렵다. 작설이 잭설이 되고 잭살이 된 과정은 하동 사람들의 구강 문제도 아닐 텐데 잘 안된다. 부산 사람들이 쌀을 '살'로 발음하는 것과 비슷할지도 모르겠다.

2004년쯤 대전에서 전국적인 찻자리가 있었다. 차를 좋아하는 동호회 회원들과 제다인 등 40명이 넘게 모인 자리였다. 누군가가 나를 소개하면서 잭살차를 만들고 있다고 소개를 했고 어떤 분이 잭살차를 샀는데 똥 맛이 났다며 역정을 냈다. 그런 차를 판 적이 없다고 했는데 비위가 상했다며 정색을 했다.

당시 그분은 휴대전화기가 없었고 e-메일은 있었다. 그래서 메일로 사진을 보내 달라고 했더니 카메라로 사진을 찍어 보냈는데 내가 만든 차가 아니었다. 잭살은 잭살이지만 다른 잭살이었다. 그렇게 잭살이라는 브랜드는 제다인들 다수가 사용하면서 발효차의 대명사가 되었고 여기도 잭살 전문가 저기도 잭살 전문가들이 많아졌다.

순전히 여담이지만 새언니에게 잭살을 2년간 내게 가르친 장본인이라며 본인에게 큰절해야 한다고 말하고 다니는 분이 있다. 거꾸로 내 처지에서는 복숭아 두 박스를 사와서 잭살을 가르쳐 달라기에 가르쳐 준 적은 있다. 나는 이런 현상을 나쁘게 보지 않는다. 잭살의 인지도가 높아졌다는 말이기 때문이다.

이 모든 것이 소리 없이 알게 모르게 잭살을 향한 열정이라고 말하고 싶다. 그런 각고 끝에 활발하게 좋은 차들이 많이 나오고 있는 이유이기도 하니까! 매사에 자신 있는 만큼 목소리는 높이게 되는 법이다. 잭살 전문가들은 넘쳐나고 좋은 잭살 제다인들도 많지만 있던 내 자리에서 소량의 잭살차를 만들고 있을 뿐이다.

40-2001-0039965

발송번호: 9-5-2002-031911407
발송일자: 2002.08.30
제출기일: 2002.09.30

YOUR INVENTION PARTNER

특 허 청
의견제출통지서

출 원 인 성 명 주식회사 단천 (출원인코드: 120010370842)
　　　　주 소
대 리 인 성 명 류완수 외 3 명
　　　　주 소

출 원 번 호 40-2001-0039965
상 품 (서 비 스 업) 류 제 30 류

이 출원에 대하여 심사한 결과 아래와 같은 거절이유가 있어 상표법 제23조에 의하여 이를 통지하오니 의견이 있으면 상기기일까지 의견서를(보정이 필요한 경우 보정서를 함께) 제출 하시기 바랍니다. 상기기일에 대한 연장은 매회 1월, 총 2회에 한하여 연장할 수 있으며 별 도의 기간연장승인통지는 하지 않습니다.

[이 유]
1.본원상표는 작설차의 지방사투리로 작설이 지정상품 차류에 사용할 경우 작설차로 인식되 고, 작설차가 곡작의 헛바닥 크기로 갓 나온 차나무의 어린싹을 따서 만든 좋은 차 등의 뜻 을 가지고 있어 지정상품 차류에 사용할 경우 상품의 성질(품질, 원재료)표시하므로 상표법 제6조제1항제3호에 해당하여 상표등록을 받을 수 없습니다.
 2.본원상표는 작설차와 관련없는 지정상품에 사용시 일반수요자로 하여금 이와 관련있는 것으로 상품의 품질을 오인혼동을 할 우려가 있으므로 상표법 제7조제1항제11호에 해당하여 상표등록을 받을 수 없습니다.

2002.08.30

특허청
심사1국　　　　상표3 심사담당관실　　　　심사관　　　유영목

≪ 안내 ≫
문의사항이 있으시면 ☎ 042)481-5322 로 문의하시가 바랍니다.

- 1 -

2001년 잭살 브랜드를 상표등록 신청을 했다가 의견제출을 해 달라는 특허청 서류

하늘이 준 날의 잭살

영어로 black tea라고 하는 홍차는 평균 기온 20도 이상, 습도 85% 이상일 때 건조된 차가 검게 나오면 이상적인 차가 된다.

하지만 현대는 발효도를 낮추는 추세이고 우리 잭살은 현대의 추세에 딱 맞다. 청차와 블랙티의 중간 사이의 홍차다. 하동의 평균 기온 13도, 평균습도 72%지만 우리 환경에 맞게 만들어져 온 차가 잭살이다.

잭살은 하늘이 준 날 가장 맛있고 좋은 홍차가 된다. 하늘이 준 날씨는 어떤 날씨일까? 눈을 감고 상상해 보자.

* 하늘에 구름 한 점 없이 햇빛이 쨍쨍하게 대지에 비치고

* 바람은 살랑 불고

* 반소매를 입어도, 긴 소매 옷을 입어도 몸에 까슬까슬한 느낌이 오고

* 길을 걸으면 어디선가 풀냄새가 진동할 때

* 점심을 먹고 낮잠 한숨 자고 싶은 날

이런 날은 일 년 중 며칠 되지 않겠지만 이런 비슷한 날씨가 좋다. 굳이 오전에 딴 찻잎과 오후에 딴 찻잎을 구분하지 않지만 말하자면 오후에 딴 찻잎이 적당하다.

햇볕이 좋고 바람이 잔잔히 부는 날 잭살작업이 적당하다

오후에 딴 찻잎은

* 바람에 의해 자연스럽게 수분이 휘발하여

* 쨍쨍한 햇살에 엽록소 성분은 충분하고

* 비타민이 풍부해지니 카페인도 줄어들고

* 조금만 건드려도 찻잎은 산화가 잘되어

* 산패와 부패가 안 된다.

흔한 말로 발로 비벼도 맛있는 차는 하늘이 준 날에는 가능하다.

* 달콤하면서도 풋풋하고 달콤한 향기와

* 고구마 조청의 향이 난다.

* 풋풋함은 찔레 줄기 껍질을 까서 먹는 향과 따뜻한 느낌이 난다.

* 따뜻한 느낌의 향은 어렸을 때 장작불에 손을 쬐면 불 가까이에 있는 소매 부분에서 나는 아련한 느낌이다.

적당한 구름은 찻잎 시들리기에 적합한 날씨이다

잭살 보관

완성된 잭살차는 '땅에 가까운 그곳보다는 하늘에 가까운 곳'에 보관했다. 초등학교 5학년 여름방학쯤으로 기억하는데 한약방을 하는 조부모님 댁에 갔다. 평생 대갓집 마님 흉내만 내고 사시던 할머니는 생전 일을 안 하는데 그날은 도우미 언니랑 하얀 한지를 약재 자르는 작두에 약봉지보다 크게 자르고 있었다.

그리고 나서 약봉지처럼 잭살을 포장했다. 그리고 약봉지보다 더 큰 종이 주머니를 만들기도 했다. 복주머니처럼 똑같이 바느질하고 끈을 달았다. 거기다가 잭살을 담기도 했다. 나도 옆에서 잭살을 약저울에 달아 주면서 꼼지락거리며 도왔다. 포장이 다 되었고 할머니는 잭살을 커다란 떡 광주리에 담아서 약재를 쌓아놓는 한편에 두었다.

악양중학교 부근 정서 다리 옆에는 오래된 경로당이 한 채 있는데 할아버지의 마실 장소였다. 마침 장기를 한판 두고 오신 할아버지는 잭살을 확인했고 호통을 치셨다.

"하늘 가까운 곳에 두라고 해도 말귀를 못 알아듣소?" 하시면서 떡 광주리를 툇마루 위 선반에 올려 두셨다. 선반 옆 처마 밑에는 한약재들이 주렁주렁 매달려 있었는데 잭살차는 그릇에 담아서 선반에 보관했다. 가능하면 땅의 습도를 피하는 방법이었다. 공처가이신 할아버지가 화를 내는 것을 처음 봤다.

우리 집은 큰아버지나 작은아버지는 지독한 마마보이셨고 할아버지는 둘도 없는 공처가였다. 할머니는 큰아버지나 작은아버지의 도깨비방망이셨다. 특히 큰아버지는 자식을 넷이나 낳을 때까지 일하지 않으셨다. 요즘 그 이유를 사촌들과 이야기를 하다가 알았다. 돈이 뚝딱 나오는 방망이가 있으니 그 방망이 말만 잘 들으면 됐으니 스스로 마마보이가 된 것이었다.

그 후 2년쯤 지나서 할아버지는 돌아가셨고 지금 생각하니 할머니는 키가 작아서 선반에 키가 안 닿았던 듯싶다.

우리 가족들은 지금도 할머니 흉을 많이 본다. 나보다 작고 못생겼는데 자기 손으로 밥도 안과 결벽증이 있어서 하루에 세수만 몇 번씩하고 종일 하얀 옷을 다리고 걸레를 자주 빨아서 방을 닦았다. 항상 옆에 며느리들이나 손녀, 일하는 언니들을 두고 밥이나 허드렛일을 시켰다. 할머닌 시골 부녀자들이 다 하는 텃밭 농사도 안 지으셨다.

그러나 잭살을 만들거나 사들이는 일은 직접 하셨다. 특히 한약을 지을 때 잭살에 인동꽃이 들어갔는데 마른 인동꽃을 사들이거나 직접 따러 다니기도 하셨다.

5-7

잭살 보관용 옹기 항아리

　이 방법은 친정 할머니께서 했던 방법을 생각나는 대로 정리를 해 보았다. 똑같지는 않겠지만 내 경험과 합쳐 봤다. 차의 양이 많을 때나 가족들이 많을 때 차를 보관했던 방법이다. 이 방법은 습도가 낮고 햇빛이 좋은 4, 5월에 하는 것이 가장 좋다. 급하게 하면 안 되고 오며 가며 준비하는 것이 좋다. 장마철에는 차 항아리 뚜껑을 열면 안 된다는 것을 명심해야 한다.

* 옹기 항아리를 준비하여 진한 소금물을 담아 둔다.
* 소금물을 일주일 정도 두었다가 맑은 물로 몇 번 교체해 준다.
* 옹기 항아리를 뒤집어서 햇빛에 며칠 말렸다.
* 볏짚을 태워서 뻘겋게 재를 만들고 다 마른 옹기를 뒤집어서 항아리 입구를 뜨거운 볏짚 숯불 위에 둔다.
* 하늘로 향해 있는 항아리 바닥이 뜨거워질 때까지 숯불을 쐬어 준다.
* 항아리를 바로 세워 며칠 동안 햇빛에 또 말린다.

차를 보관하는 옹기 항아리 완벽하게 소독된다.

* 싸리나무 잔가지와 한지를 햇빛에 말린다.

  싸리나무 가지는 겨울에 준비해서 말려 두는 것을 사용한다.

* 잭살이 다 되거든 싸리나무 가지를 옹기의 1/4 정도 두께로 빼곡하게 깔아 준다.

  그 위에 한지를 몇 겹 깐다.

* 한지에 적당히 싼 잭살을 켜켜로 담는다.

* 한지나 광목으로 항아리 입구를 감싼다.

* 뚜껑을 덮는다.

* 보관장소는 바람이 가장 잘 통하는 실내가 좋다.

* 오랜 시간 저장된 차라 하더라도 손질이 필요하며 차의 기본은 갖추고 있어야
  한다.

* 햇살 좋은 날은 차 항아리는 햇볕을 쬐어 주면 후발효가 잘 일어난다.

할머니는 말씀하시길 싸리나무는 사람
에게 해를 끼치지 않는다고 하시면서 굳
이 항아리에 넣으셨는데 지금 와서 생각
해 보아도 조금 알쏭달쏭하지만 또 한편
으로 생각해 보니 틀린 말씀은 아니다.

적은 양의 잭살을 띄웠던 옹기

요즘 옹기에 잭살을 보관하는 다원들이
늘어나서 옛 생각을 간추려 보았다. 하지만 그릇에 보관하는 것은 잘해야 본전이었
다. 시간이 지날수록 차 본연의 맛을 유지하기는 매우 힘들다. 잭살만큼은 두세 겹

의 김장용 비닐에 꼭 묶어서 햇빛이 들지 않는 실온 보관이 가장 좋았다.

잔여 수분이 있는 만큼 숨을 내쉬고 들여 쉬고 하는 덕분에 후발효가 좋아지고 수많은 실험을 해 보았지만, 잭살차는 밀봉을 잘하여 실온 보관하는 것을 권한다.

차를 너무나 사랑했던 고려 시대 이규보는 차를 보관하는 데 유독 신경을 썼다. 다른 사람들은 차를 마신 이야기만 하는데 이 시인은 차를 보관한 이야기도 썼다. 맑은 차향이 새어 나갈까 봐 상자 속에 겹겹이 넣고 칡넝쿨로 묶었다고 하고 하얀 종이를 바르고 빨간 실로 묶었다고 했다. 또 보관이 잘못된 차는 차향이 변해서 먹으나 마나 했다는 이야기도 있다.

15년간 잭살 보관 테스트를 했던 옹기가 지금은 불필요해졌다.
옹기에 잭살을 보관하는 것은 적합하지 않다

5-8

잭살의 재현

   2001년에 전통 홍차 브랜드명을 무엇으로 할지 고민을 많이 했다. 몇 날 며칠 많은 의견이 오고 가고 예쁘고 아름다운 이름들을 나열했다. 여러 사람의 의견을 듣고 곰곰이 머리를 굴렸지만, 딱히 생각나는 것이 없었다. 나는 개인적으로 "목압생차"가 좋았지만 내 개인 브랜드 "원지생차"와 엇비슷해지면 회원들이 불편할 것 같아서 굳이 강하게 권하지 않았다.

   작명을 한다는 것은 어렵다. 그렇게 길게 머리를 맞대어도 뾰족한 수가 없었다. 그리고 누가 "잭살 이름 짓기가 와 이리 어렵노?"라고 했고 우리는 무릎을 딱 쳤다. "잭살로 하자"였다. 굳이 다른 이름 왜 필요하나 부르던 이름 그대로 짓고 어차피 옛 차를 재현하는 것인데 만들기도 그대로 할 것 아닌가? 해서 "잭살"이라는 브랜드가 재탄생되었다.

   그렇게 하동 사람들이 잭살잭살 하던 차를 그대로 만들게 된 것이었다.

* 하동 사람들이 만들던 방식대로 만들기
* 이름도 토박이들 발음 그대로
* 반드시 띄움 방식을 사용하기
* 6월, 7월 찻잎으로 만들기
* 최대한 차 농민들에게 수익 주기

브랜드명을 정하고 나니 일사천리로 일이 진행되었다. 공동 차를 생산한다는 것도 최초였고 전통 홍차를 공동브랜드화하는 것도 최초였다. 목압마을 제다인들만 모였으니 목압마을을 우리나라 전통 발효차의 산실로 만들자고 우리끼리 다짐했다. 주식회사 단천과 잭살작목반은 우리나라 차계에 많은 반향을 일으켰다.

그리고 잭살작목반 앞에 목압마을을 넣기로 했다. 2001년 4월 "목압마을 잭살작목반"이 탄생되었다. 이 모든 것은 목압마을 단천재에서 전통차를 재현하는 시초가 되었고 우리나라 최초의 茶 작목반 "목압마을 잭살작목반"이 앞발을 내디뎠다.

초대 작목반 반장은 김종일(김원영) 씨, 잭살작목반은 해체될 때까지 마지막 수년 간은 내가 맡았다. 작목반의 기능이 다 하고 개인의 잭살 만들기가 완전하게 되어 지금까지에 이른다.

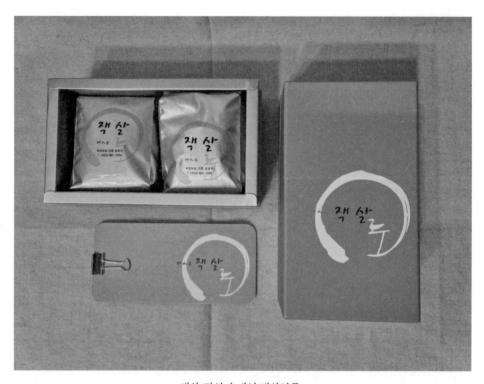

잭살 전성기 때의 잭살차통.
목압마을에서 공동으로 작업한 잭살에 의미를 두기 위해 한동안 계속 솟대사진을 넣었다

6

잭살작목반과
단천재

목압마을 DAUM 카페

서기 2001년도.

목압마을은 한자로 木鴨이다. 목오리라는 뜻이다. 화개 토박이들은 지금도 복오리라고 부른다. 목오리 발음이 애매하다 보니 복오리로 변천된 것이다. 복(목)오리는 최치원 선생과 인연이 깊다. 고대에는 나무오리를 깎아서 점을 본 모양이다. 최치원 선생도 세상의 시끄러움이 싫어서 나무오리를 깎아서 자신의 앞날을 점치기로 했는데 나무오리를 띄워서 오리가 머무는 곳에서 신선이 되어 승천하고자 했다.

신흥 세이암(洗耳岩)에서 귀를 씻고 나무오리를 화개동천에 띄워 보냈는데 나무오리가 머문 곳이 목압마을 앞 순경바위소(沼)였다. 그리고 목압마을 뒤 불일폭포 가는 길에서 학을 불러 하늘로 승천했고 그곳이 환학대다.

목압마을이 참 컸던 동네였던 것이 목압사는 화개의 3대 사찰 중의 하나로 매우 컸다. 신흥사, 목압사, 쌍계사가 있었다. 목압에 대한 일화는 한 가지가 더 있는데 진감선사가 오리를 날려 보내서 목압사 터를 잡았다고 하는데 나는 최치원 선생의 전설을 믿는 편이다. 나무오리라서 목압이니!

茶의 명성 말고 화개 목압마을은 깡촌이나 다름없었다. 그런 잭살작목반 일곱 명은 e-mail이라는 것을 만들었다. 솔직히 모두 차 만드는 일은 내로라하는 사람들이지만 e-mail이라는 신문명을 아는 사람은 드물었다.

일을 마치고 밤중에 일곱 명이 우르르 하동 읍내의 PC방이라는 곳을 갔다. 한 시간에 천 원씩이나 하는 피시방에서 박희준 선생님이 시키는 대로 아이디라는 것을 만들었다. 아이디는 전자이름이라고 해서 아는 단어도 없고 갑자기 생각도 안 나고 해서 한글 민들레를 내 아이디로 만들었다. 자음 한 자 찍고 화면 보고 모음 한 자 찍고 화면 보고 mindeolrae라는 10자를 붙이는데 거짓말 하나 안 하고 10분은 걸린 듯하다.

그렇게 나의 첫 전자 이름은 mindeolrae@hanmail.net이 되었다. 지금은 네이버로 바뀌었지만, 마치 내가 도시인이 된 느낌 현대인이 된 자부심이 생겼다. 그리고 그 자리에서 카페를 만들라는데 그게 뭔 줄이나 알아야지 가상공간에 뭔 카페를 만든단 말인가? 그래도 며칠 걸려서 DAUM에 "목압마을 카페"라는 茶 카페가 생겼다. 나의 온라인 이름은 "민들레 홀씨 되어"가 되었다.

이로써 우리나라에서 차를 위주로 하는 카페는 최초(?)로 탄생하게 된다.

2000년대 초반 한참 목압잭살차 카페가 활성화되었던 시절의 회원들

6-2

잭살용 늙은 찻잎 만 원

후원 받은 삼천만 원 중 이천만 원은 잭살용 찻잎을 사들이고 나머지 천만 원은 기타 비용으로 사용하기로 했다. 그중 찻잎은 4, 5월 봄 차가 끝난 이후에 농민들이 버려 두다시피 한 6, 7월의 찻잎을 수매하여 다농 둘에게 부수적 수익을 줄 목적도 있었다.

옛 어른들이 잭살을 만들 때 제일 좋은 봄 차는 임금에게 진상하고 그다음 두물차는 고관대작이나 권세가들이 먹고 세물차는 지방 양반들이 먹고 봄이 지난 초여름에 쓸모없는 늙은 찻잎은 서민들이 잭살을 만들어서 먹었다.

그래서 늙은 찻잎을 땄다는 것은 제대로 비비지 않아도 되는 찻잎을 말하는 것이며,

* 비빌 필요가 없는 백차를 만들었던지
* 시들려서 비빈다면 찻잎이 적게 부서지는 잭살을 만들었을 가능성이 크다.

〈구전 차 노래〉

초엽 따서 상전께 주고

중엽 따서 부모님께 주고

말엽 따서 남편에 주고

늙은 잎은 차약 지어

봉지봉지 담아 두고

우리 아이 배 아플 때

차약 먹여 병고치고

무럭무럭 자라나서

경상 감사 되어 주오.

언제부터 불렸는지 모를 차 노동요지만 차가 약으로 쓰임이 있었던 것은 분명하고 지금도 하동 지역은 차의 이미지보다는 약차의 기능을 더 선호한다. 이 차 노래는 아내이자 엄마이자 여자인 이 사람은 언제 차를 먹을까? 하는 생각이 들어 애잔해진다. 하필 우리 식당 "찻잎마술" 입구에 저 글을 액자로 만들어 둔 덕에 자꾸 읽게 된다. 늙은 잎차도 제대로 못 먹는 아녀자들의 신세 한탄으로 보여진다. 평민들은 차 한 잔도 벌컥거리며 못 먹은 것이 그대로 읽힌다.

우리는 옛 화개 어른들이 했던 대로 초여름 찻잎을 잭살의 원료로 사용하기로 했다. 하나 더 타당한 이유는 지리산의 봄은 바람이 많고, 건조하며 낮이 짧아서 홍차용 찻잎으로 적당하지 않았다.

그래서 4, 5월에 만든 홍차는 맛이 부드럽고 맑으나 홍차라고 하기에는 조금 부족한 듯하여 백차, 홍차, 청차 맛이 어우러져서 난다. 6월이 되고 하지가 가까워져 올 무렵이 돼야 습도가 높아지고 타닌이 풍부하여 홍차 만들기에 적합하다. 그렇게 잭 살차는 철저하게 서민들의 삶 속에서 살았다.

6월이 되어 1kg에 만 원씩 생엽을 사기로 했다. 화개, 악양을 1만 원짜리 세작잎 크기를 따 주면 전량 수매하겠다며 다농들은 찾아다녔다. 그리고 또 산으로 들로 찻 잎을 가지러 다녔다. 내 머리 위에는 하루에 몇 번씩 최소 100kg의 찻잎을 이고 날 랐다. 아직도 나는 그때 무리한 이유로 오른쪽 무릎이 아프다. 작년에 CT를 찍어 보 니 관절은 좋은데 무리하게 사용해서 그렇다고 했다. 왜 작목반 사람들과 나눠서 찻 잎을 사러 다니지 않았는지 지금 생각하니 참 무뎠다.

차 노 래

초엽 따서 상전께 주고
중엽 따서 부모께 주고
말엽 따서 남편에 주고
늙은 잎은 차약 지어
봉지봉지 담아 두고
우리 아이 배 아플 때
차약 먹여 병 고치고
무럭무럭 자라나서
경상 감사 되어 주오

- 구전가요 -

구전 노동요에도 나와 있는 늙은 찻잎으로 빚은 잭살

생엽 2,000kg 생차 600kg

지금은 차밭 가는 험난한 길이 임도 되어 길이 좋아졌지만, 당시에는 머리에 20~30kg의 찻잎을 이고 손바닥만 한 산길을 걸어서 다니는 것은 위험이 많았다. 그 와중에 저혈압(60/40)이 와서 의사가 일하면 죽는다고 했지만 나는 견디며 밤낮으로 일했다. 아마도 의무감과 책임감 때문이었는지 모르겠다.

두 번 다시는 그런 중노동을 하고 싶지 않다. 회원들은 아침에 와서 저녁이면 퇴근했지만 나는 주식회사 단천 소속이어서 허드렛일까지 하다 보니 힘겹게 느껴질 때도 있었다. 단천재에서 먹고 자며 구들방에 띄워진 차를 손봐야 했다. 하루 찻잎의 양은 많게는 300kg, 적게는 150kg을 비비고 털고 걷어서 다시 털어 널었다.

잭살차는 많은 양을 비비면 제대로 털어주지 않아서 차에 수분이 맺히고 실패할 확률이 매우 높다. 그래서 띄우는 과정에 최소 두 번은 털어서 수분을 제거해 주어야 해서 어쩔 수 없었다. 아침에 회원들이 출근하면 공동 작업을 했지만, 밤이면 다시 잠을 못 잤으며,

* 띄우는 순서의 잭살과

* 비비는 순서의 잭살,

* 털어주어야 하는 잭살을 돌아가면서 밤새 작업을 했다.

　반복의 연속이었지만 사명감은 지금 생각해도 대단했다.

　그렇게 전통 홍차 잭살이 완성되었다. 생엽 2,000kg을 비벼서 완성된 잭살 600kg
이 나왔다. 드디어 숙성에 들어가고 이 거칠고 저돌적인 전통 홍차를 세상에 알릴
기회를 엿봤다.

잭살은 생엽 1kg으로 빚으면 230g 정도의 차가 완성이 된다

6-4

잭살의 억울함

잭살 같은 잎차는 구전되는 것만 많고 양반들이 떡차를 갈아 마시고 표현한 칭송은 고사하고 존재의 유무조차 없다. 양반들의 글 속에는 절대로 보이지 않는 이유는 차도 차별을 당해 왔다는 증거이다. 임금은 물론이고 양반들은 늙은 찻잎으로 설렁설렁 만든 차를 눈으로 보기를 했을까? 먹어 보기를 했겠나? 보지 않고 먹어 보지 않았는데 한 시에 남길 턱이 없다.

제다인이라면 다른 관점에서 수백 년 전을 돌아보면 오히려 이상하다는 것을 누구나 느낄 것이다. 제다 방법이 복잡하고 긴 시간이 필요한 떡차만 고집해서 먹었다면 비가 내려도 안 되고 날이 싸늘해도 안 된다. 떡차는 아무리 좋은 잎을 사용해도 말리는 과정에서도 실패할 가능성이 정말 많은 차라는 것을 아는 사람은 알 것이다. 차다. 아무리 서민들이 잘 만든다고 해도 과정은 험난한 차다. 지금처럼 기계화되어 있어 찻잎을 증제하는 기계도 있고 빻는 기계도 있고 건조기가 있고 가루차 기계가 있음에도 어렵다. 그런데도 번거로운 떡차만 먹었을까…. 계속 의문을 가지는 부분이다. 분명 잎차는 고려 시대도, 신라 시대도 조선 시대도 민간에서는 꾸준히 먹었을 것이다.

현대의 차계도 과거와 비슷한 경우다. 제다인들은 이론에 취약하고 논문깨나 쓰는 학자들은 제다를 모른다. 차에 대해 기고만 하는 사람들은 주워들은 말만 쓴다. 미안하지만 그래서 나는 차 잡지를 절대 보지 않는다. 인터넷이나 책을 보면 다 보이는 것을 여기저기서 짜깁기 한 글들은 아예 멀리한다. 제다인이자 차 농사꾼인 나에게는 전혀 도움이 되지 않는다. 오히려 어설픈 짜깁기의 논리는 이해하기조차 힘들다.

잎차의 시작이 백차나 홍차의 시작일 것인데 문헌에 없는 것이 애써 원통하지만 나는 많은 자료를 가지고 있고 그것을 하나씩 끼워 맞추는 중이다. 머지않아 내가 속한 덖음차보존회에서 덖음차의 교본을 엮으려고 한다. 그때 우리 전통 비빔방식과 덖음차의 많은 것을 기록할 것이다. 잭살은 비록 구전으로만 남았지만, 서민들의 삶 속에서 함께 살아왔다. 우리나라에 홍차가 없었고 잎차가 없었다고 말하지 마시라. 차는 억울하다. 가진 자들은 서민의 삶을 모른다.

20여 년 전 외사촌 오빠 부부가 차를 배우면서 열정적으로 질문을 하고 있다

잭살차의 그날 d-day

잭살 축제를 열기 위한 회의는 날마다 열렸다. 몇 명을 초대할지 어떻게 할지 축제일은 언제로 할 것인지 등등 6월, 7월에 잭살을 만들어 두고 더운 여름밤이면 읍내 PC방으로 가서 글을 올리곤 했다. 그렇게 많은 날을 준비했다. 백로에 맞춰서 축제하면 좋은데 이곳은 관광지가 되다 보니 여름휴가 직후에는 사람들이 움직이기도 힘들고 아직은 더운 날씨라 고민을 많이 했다.

결정적으로 잭살이 백로쯤이면 발효가 끝나고 숙성에 들어가는 단계라 먼지를 털어내고 포장을 해야 했다. 그래서 9월 14일~16일까지 2박 3일로 정했다. 돼지도 한 마리 잡고 나물과 찰밥과 차 인절미까지 하기로 했다. 물론 나물과 김치, 반찬은 내 몫이었다. 지금도 그렇지만 30대 초반의 나는 요리하는 일이 제일 즐겁다.

축제에 초대자들 명단을 작성했다. 작으나마 목압마을 카페 회원들을 초대했고 박희준 선생님의 향찻사 회원들을 초대했다. 그리고 군청, 화개면사무소 등 관공서 관계자들에게 공문을 보냈다. 축제를 빛낼 공연자들은 박희준 선생님이 섭외했다. 우리들의 고마운 두 물주님 장준수, 정문헌 두 분의 인연들도 초대했다. 아무리 적어도 150명 이상은 안 되었다. 그래서 최대 인원 150명을 잡고 마을 전체 빈방을 모두 빌렸다.

2박 3일의 축제는 먹여 주고 재워 주고 참석자들은 잭살차를 온라인으로 광고해 주기로 한 것이다. 그리고 집집마다 농산물을 마당에 내어놓고 팔기로 했다. 팥, 콩, 된장, 고추장, 간장, 찹쌀, 밤, 고사리, 취나물 등등. 그리고 목압마을 상징인 나무오리 솟대도 군데군데 세웠다. 더운 여름에 땀이 마를 정도로 치밀하게 계획했고 준비는 되어 갔다. 그때의 설렘과 열정은 평생 오지 않을 것 같다. 그만큼 외국의 홍차에 주눅이 들었던 나의 마음은 여러 은인의 공로로 나를 행복하게 했고 여전히 변함없다.

잭살 포장의 변화

까칠한 가을바람이 불고 구름 한 점 없는 해의 살이 산산이 부서지고 두세 달 전에 만들어 두었던 잭살에서 과일 향이 번지고 단맛이 고일 때쯤 잭살에 숨을 준다. 그 숨은 잘 묶어서 보관한 차가 숙성되도록 해 주는 과정이다. 일기예보를 잘 보고 좋은 날을 잡아서 햇빛을 쐬어 주고 먼지를 털어주는 일은 만드는 과정 못지않다. 그 이후에 소포장해서 판매하면 실패가 없는 좋은 홍차가 된다.

잭살 축제를 10여 일 앞두고 잭살차 포장을 했다. 차 통 만들 때의 애로 사항은 말도 못 한다. 차 통 만드는 공장이 부도 직전에 이사하고 문을 닫았다 열었다 해서 이곳저곳을 따라다니면서 겨우 만들었다. 디자인은 엄두도 못 내고 목압마을 상징인 솟대는 어디서 그림을 베껴서 대충 그리고 "잭살"이라고 손수 써서 인쇄했다.

포장단위도 획기적인 변화가 일었다. 그때까지만 해도 차의 포장단위는 무조건 100g이었다. 덖음차만 있었던 시절이니 덖음차의 표준 포장단위로 굳혀져 있었다.

덖음차는 익혀서 숨을 죽이고 바짝 말리고 또 열 마무리를 하니 부피가 푹 줄어들지만, 잭살은 6, 7월의 큰 잎으로 만드는 데다 전혀 열 마무리를 하지 않으니 부피가 커서 금박 차 봉투에 들어가지 않는 것이다.

부랴부랴 회의하고 포장단위를 줄이자는 의견이 나왔다. 90g을 넣고 해 보니 차가 들어는 가는데 주둥이가 안 닫혔다. 80g을 넣어 보니 주둥이는 닫히는데 폼이 엉망이었다. 70g을 넣어 보니 차 봉투에 꽉 찼지만, 그럭저럭 봐줄 만했다. 그렇게 잭살로 인해 하동에 있는 다른 제다원들의 차 포장에도 변화가 일어났다.

그 후 차 한 통에 두 봉지의 차가 들어가는 걸로 바뀌었다. 예를 들어 차 한 통이 70g이면 35g × 2봉지가 들어가는 것이다.

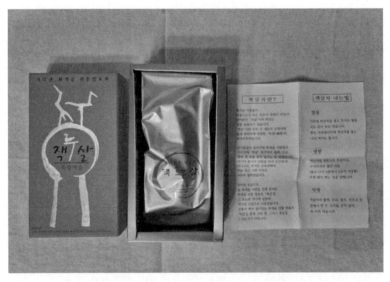

2001년 9월 잭살이라는 이름으로 나온 첫 찻통.
목압마을의 지명유래에 의미를 두고 솟대를 강조하였다

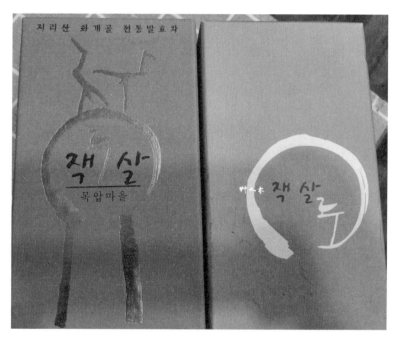

목압마을 차통은 20여 년간 총 3번 바뀌었다

잭살 축제 일정

　최대한 돈을 아끼느라 인쇄를 하지 않고 잭살 축제 일정표도 화개장터 문방구에서 A4용지에 프린터를 했다. 그것도 한가운데 점선을 넣어 절반으로 잘라서 사용했다. 지금 봐도 얼마나 허접한지 모른다. 그러나 나는 이때의 뿌듯함으로 행사 프린터 종이를 아직도 보물 모시듯이 가지고 있다. 저 작은 인쇄물이 나오기까지 내 청춘이 춤을 춘 유일한 기간이었다. 우리 전통 홍차가, 나를 기죽이게 했던 기문홍차와 대응할 수 있는 차를 알릴 수 있다니 정말 신났다.

　잦은 이사와 제다와 차 식품 공장을 같이 운영하느라 집이 좁아서 나의 모든 것을 없애도 이 종이 딱지 한 장이 뭐라고 나는 이 종이를 고이고이 간직하고 있다. 시간이 지날수록 우리 잭살을 알리고 보편화되기까지 잭살차를 재현하는 데 같이 힘을 보탠 우리 잭살작목반 회원들과 장준수, 정문헌 등 많은 이들은 우리 차계에 획기적인 일을 한 것이 틀림없다.

덖음차만 하던 사람들이 지금은 덖음차보다 발효차의 비율을 많이 높였고 저장성이 높으니 재고에 대한 부담도 줄어들었다.

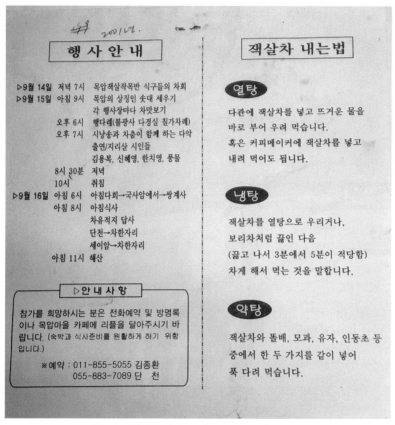

읍내 문방구에서 복사하여 배포한 잭살차 축제 안내장.
하찮지만 아직도 한 장을 간직하고 있다

행사 안내

9월 14일 저녁 7시 - 목압잭살작목반 식구들의 차회

9월 15일 아침 9시 - 목압의 상징인 솟대 세우기

　　　　　행사장마다 차 맛보기

　　　　아침 6시 - 행다례(불관사 다경실 칠가차례)

　　　　오후 7시 - 시낭송과 차 춤이 함께 하는 다악

　　　　　출연/지리산 시인들

　　　　　김용복, 신혜영, 한치영, 풍물

　　　　8시 30분 - 저녁

　　　　10시 - 취침

9월 16일 아침 6시 - 아침 다회 → 국사암에서

　　　　　→ 쌍계사

　　　　아침 8시 - 아침식사

　　　　　차 유적지 답사

　　　　　단천재 - 차 한 자리

　　　　　세이암 - 차 한 자리

　　　　아침 11시 - 해산

잭살차 내는 법

열탕

다관에 잭살차를 넣고 뜨거운 물을 부어 우려먹습니다.
혹은 커피메이커에 잭살차를 넣고 내려 먹어도 됩니다.

냉탕

잭살차를 열탕으로 우리거나, 보리차처럼 끓인 다음(끓고 나서 3분에서 5분이 적당함) 차게 해서 먹는 것을 말합니다.

약탕

잭살차와 똘배, 모과, 유자, 인동초 등 중에서 한두 가지를 같이 넣어 푹 달여 먹습니다.

● 안내 사항 ●

참가를 희망하시는 분은 전화 예약 및 방명록이나 목압마을 카페에
리플을 달아 주시기 바랍니다.
(숙박과 식사 준비를 원활하게 하기 위함입니다.)

· 예약 ·

011-855-5055 김종헌 (목압마을 카페 주인)

055-883-7089 단천 (이 전화번호는 아직도 살아 있다.)

6-8

잭살차 축제

드디어 그날이 왔다. 살이 쑥쑥 빠졌지만, 환희심과 기다림과 두근거림이 공존하면서 희열에 빠졌다. 힘에 부쳐서 동네 어른들께 이런저런 도움을 요청했지만 그다지 관심이 없었다. 조용한 마을에 이상한 일이 벌어지는 줄 알고 빗장을 닫은 분도 있었다.

아무리 내가 음식을 담당하지만 잡아 온 돼지로 수육을 하고 돼지고기 김치찌개를 끓일 시간까지는 주어지지 않았다. 나는 주체자였고 스텝에 해당하였으니 도움을 받을 수밖에 없었다. 그래서 일당을 넉넉히 쳐 주기로 했다. 2001년 당시 차 따는 놉들의 인건비가 삼만 원이 안 되었는데 하루 십만 원씩 사흘간 삼십만 원을 주게되었다.

결과적으로 다음 해에는 축제는 열지 않았는데 동네 어른들이 무료로 도와줄 테니 축제를 계속할 것을 원했다. 이유는 당시에 집집마다 농산물을 다 팔고 다음 해에도 문의가 많이 왔기 때문이다. 마을에 오랜만에 활기차고 지역 신문이나 차 잡지에도 기사가 나오니 어른들도 기분 좋아하셨다.

계속했으면 좋았겠지만, 주식회사 단천의 일을 하다 보니 전반적인 뒤처리를 해야 했고 잭살차 제다도 해야 했기 때문에 할 일이 많아서 다음 해부터는 축제는 추진하지 않았다.

마을 집집마다 대문에 작은 팻말을 만들었다. '삼거리 할매집: 콩, 보리쌀 있음, 복오리 민박: 고사리, 간장 있음, 삼거리 민박 : 밤쌀, 팥 있음' 이런 식으로 해 두니 짜임새도 있어 보였다. 그리고 한 집 건너 한 집에 커다란 스텐 포트를 두고 잭살차를 시음하게 했다. 어느 집은 오리지널 잭살, 어느 집은 모과, 돌배를 넣은 잭살, 어느 집은 유자를 넣은 잭살, 덖음차 등등. 그래서 축제 참가자들이 마을을 속속 보고 느끼고 가게 했다. 참 좋은 아이디어였다고 지금도 생각한다.

자원봉사자들까지 150명을 잡았는데 2001년 9월 15일 목압마을 축제 둘째 날 공연이 시작되니 400여 명이 왔다. 어마어마한 일이 벌어져 버렸다. 음식도 더 챙기고 떡도 더하고 찰밥도 더하느라 몸은 깨지거나 말거나 신경도 안 쓰였다. 목압마을 작목반 회원도 다들 신났다. 자원봉사자들 도움으로 더 빛났고 지금까지 그 사람들과 대부분 형제처럼 지내고 있다. 연락이 끊긴 사람들도 있지만, 시간이 지나면서 어떻게든 다시 연락이 이어지고 있다.

차를 좋아하는 사람들은 감성이 남다르다. 그래서 그런지 많이 감동 받고 돌아갔다. 그리고 우리 잭살차 소비를 많이 해 주었다. 그다음 해에도 잭살차는 만들어졌다. 3년 정도 목압마을 잭살차 공동제다를 했고 그다음은 각자의 브랜드를 만들어서 판매했다. 그리고 우리 잭살작목반 회원들의 차는 믿고 먹을 수 있는 솔직한 차다. 나는 '나의 물주'들의 도움으로 계속 주식회사 단천 소속으로 차를 만들었고 내 딸이 대학교를 졸업할 때까지 크고 작은 도움을 받았다. 지금은 사위가 같이 차를 하면서 7년 전부터 내 이름을 넣은 "소암잭살"을 생산하고 있다.

잭살 축제 전 목압마을 삼거리에 행사의 일환으로
세웠던 솟대

7

잭살의 고전

7-1

잭살은 비상 상비약

따뜻한 느낌이 좋았던 기억이 난다. 밥을 먹고 난 뒤 온 가족이 둘러앉아 기다리면 엄마가 가마솥에서 끓인 차를 작은 주전자에 담아 와서 꼭 잭살차를 먹여서 학교에 보냈다. 요즘으로 치면 학교 가는 아이들을 붙잡아 영양제를 먹여 보내는 모습과 똑같았다. 따뜻한 잭살을 한 잔이라도 먹여서 보내야 안심하셨다. 지금도 날

화개골에서는 언제나 잭살을 끓일 화로와 솥과 그릇이 준비되어 있었다

마다 차를 마시기 쉽지 않은데 당시에는 엄마의 정성이 화개 사람들을 모두 차인으로 키운 텃밭이 되었다.

평소에는 맹탕 잭살만 주다가 아프다고 하면 꼭 단 것을 녹여서 먹였다. 설탕도 귀했고 사카린도 귀했고 꿀은 더 귀했던 시절이라 아파야 내놓던 감미료였다.

그래서 일부러 안 아파도 단것이 먹고 싶을 때면 일부러 거짓말을 해서 기어코 달콤한 홍차 잭살을 마시고야 말았다. 오랫동안 고온에서 끓여 씁쓸한 차에 달콤한 것들이 녹아들면 얼마나 맛있던지. 실제로 홍차는 단 성분과 같이 먹으면 체내 흡수 효과가 세 배나 높아진다니 우리 선조들은 글자를 몰라도 스스로 과학을 체득했다.

　잭살을 팔팔 끓이면 타닌이 많이 우러나와 깊은 쓴맛이 난다. 타닌은 열을 내리고 속을 편안히 해 준다. 카페인도 많이 용출되어 각성 역할도 하게 되니 피로나 통증을 약하게 했다. 자연히 잭살은 감기·몸살, 고열에 피로해소제처럼 쓰였다. 부적 같은 민간요법이었다. 맹신했다.

　몸이 아픈 척하면 엄마는 잭살을 끓여 먹였다. 어디가 아파서 먹은 것이 아니라 어디가 안 좋을 것 같다는 신호만 와도 무조건 먹었다. 하동의 만병통치약이 잭살이었다. 전통 발효차 잭살이 다른 나라 홍차보다 성분이 우월하며,

* 습도가 높지 않은 찻잎으로 발효하기
* 햇빛에 시들리기
* 자가 발열을 하기
* 열 마무리를 하지 않아 후숙성이 탁월함

　등 몇 가지 요소가 합쳐져서 완전 발효 홍차라기보다는 청차와 황차, 백차를 종합한 맛이 느껴지는 차가 완성된다.

비상 상비용 잭살의 양

잭살은 지금처럼 대량으로 하거나 욕심내지 않고 가족이 먹을 양만 만들어 재여 두었다. 초여름 하지 무렵의 해 질 녘은 4~5시쯤 된다.

* 오전 10시 이전에 딴 찻잎은 이슬이 남아서 녹차나 황차용으로 적합하다.
* 오후 두 시부터 해 질 무렵의 찻잎은 낮의 강렬한 햇빛으로 홍차 만들기에는 최적의 상태다. 시들리기도 잘되고 타닌도 풍부하고 비타민D도 풍부하다.
* 비를 맞은 찻잎이나 비 오는 날 딴 찻잎은 예나 지금이나 사용하지 않았다. 곰팡이가 잘 슬고 꿉꿉한 냄새가 날 확률이 높다.
* 흐린 날 찻잎은 괜찮지만, 비 온 뒷날 오전과 비 맞은 찻잎은 홍차용으로는 최악이다.

어른들은 잭살을 일용할 양식으로 생각했다. 날마다 조금씩 따서 한 줌씩 만들어 두는 것도 고된 일상 속에서 쉽지 않은 일이다. 여름 차가 부족하면 초가을 백로 무렵 며칠 동안 차를 따서 만들어 두었다. 평소 봐 두었던 차나무에 가서 한 됫박 정도 따 왔다. 1kg 남짓 되는 양이다. 새순이 나면 따서 만들기를 반복했다. 이웃집 차가 부족하면 차를 나눠 주거나 차나무가 많은 곳을 알려 주기도 했다.

따 온 찻잎은 저녁밥을 먹고 아랫목 미지근한 곳에 시들려 놨다가 숨이 죽어 시들시들해지면 잠들기 전에 한 번 쓱쓱 비벼주고는 대바구니에 담아 광목천으로 덮어 놓고 잤다. 찻잎의 양이 너무 적거나 많으면 천으로 된 콩 자루에 돌돌 말아서 아랫목 구석진 곳에 두었다. 띄움 방식의 발효과정이다. 자다가 눈이 떠지면 한 번 더 쓱쓱 비벼서 덮어 두고 잠들었다.

농사일에 지쳐 자다가 못 깨면 찻잎의 수분만 증발해 버리고 발효가 덜 된 경우가 있다. 이때 비비면 찻잎이 부스러지니 초여름 새벽이슬을 맞혔다. 초여름 이슬은 비만큼 많이도 내린다. 이슬을 맞은 찻잎이 다시 촉촉해지면 한 번 더 비벼 놨다가 아침밥을 먹은 후 널어서 말렸는데 기가 막히게 잘 마르고 산화가 잘 일어나는 방법을 어른들은 알았다. 바로 가마솥 뚜껑이다.

아침밥을 해 먹고 남은 가마솥 뚜껑의 미지근한 잔여 열기로 건조와 후발효를 동시에 수행했다. 예고 없이 비가 와도 소나기가 와도 안전한 건조를 할 수 있었다. 양이 많은 날은 마루나 마당에 널어놓고 들일을 나갔다. 저녁이면 말려 둔 차가 고슬고슬 잘 말라 있다. 비가 내리거나 부모님 들일이 늦어지면 집에 있던 아이들이 후다닥 차를 걷어 들이곤 했다. 한 줌의 잭살은 이처럼 욕심 없는 바람같이 먹을 만큼만 만들었다.

기껏해야 대여섯 댓 박 정도 모아 두었다.

잭살을 끓이던 단천마을 빈집의 가마솥

농한기 때의 차농의 대문 앞.
장작은 잭살을 끓이기 위한 용도로 아직도 쓰이고 있다

잭살은 홍차

잭살은 홍차다. 그 정의는 완벽하다. 하동 사람들은 찻잎을 투박하게 정제하지 않고 시들려서 비비고 천을 덮어서 아랫목에 띄워 말렸다. 그리고 팔팔 끓여서 마셨다.

단순한 음료가 아니라 화개 사람들에게는 생명의 찻물이었는데 익숙한 맛과 할머니의 할머니 때부터 자연스럽게 익혀 온 맛을 사람들이 어떻게 만드냐고 질문하는 것이 의아스러웠다. 답은 한 가지였다. "할머니가 집에서 만들어 먹었던 그 잭살차예요. 할머니랑 어머니가 만들었던 그 방식대로 하면 돼요." 그래도 사람들은 자꾸 물어 왔다. 어떻게 만들었냐고….

아무도 안 믿었다. 하지만 새벽부터 새벽까지 찾아왔었다는 사실은 거짓말 0%, 진실 100%이다. 맛있는 전통 홍차 잭살의 재현은 하동의 차계를 들썩이게 했다. 모두 흥분했고 다양한 차를 만드는 시발점이 되기도 했다. 비록 차의 원리를 이해 못해서 정상적이지 못한 차가 나오기는 했지만 가상한 노력은 인정한다. 또한 그 무렵부터 온라인 활동이 많아지면서 전국의 제다인들이 잭살을 배우러 오기도 했다.

2017년 서울의 디엔디파트먼트에서 요청한 잭살제다교육.
우리 잭살과 유자잭살을 먹는 단골고객 위주

제다인들의 그런 노력이 차를 고급화시키고 대중화시키는 데 공헌을 했고 차시장도 다양화되었고 서서히 대중 속에 우리나라 홍차도 익숙해졌다. 특히 대용차의 무궁무진한 재료와 차의 종류는 차계의 발전도 가져왔다.

잭살은 분명 홍차다. 다른 나라의 홍차 만드는 것과 대동소이할 뿐이다.

홍차의 기본 개요는 전 세계 어디나 같다.

1. 시들린다.
2. 비빈다.

3. 띄운다. (산화시킨다)

4. 건조한다.

네 가지 조건이면 우리나라 전통 발효차의 요건에 든다. 다만 발효도를 높이고 차 빛을 짙게 하는 방법은 나름대로 연구해야 하겠지만 맛과 향과 색은 스스로 맞추어 가는 것이 좋겠다.

* 발효도를 높게 하려면 장시간 많이 비벼주고 긴 시간 띄워 준다.
* 발효도를 낮게 하려면 단시간 적게 비벼주고 짧게 띄워 준다.
  발효도가 높고 낮은 것에 의해 색, 맛, 향이 결정되는 것만 다르다.

우려진 차빛이 청차나 황차와 아무리 흡사해도 홍차의 정의는

* 솥에서 덖어 내지 않고
* 살청기에서 열 마무리를 하지 않고
* 홍배를 하지 않아야 한다.

그리고 '홍배'는 우리 차에는 적합하지 않은 용어이자 불필요한 제다 방식이다. 홍배는 가마솥에서 열 마무리 단계가 없는 중국차에 맞는 과정이다. 아무리 홍차처럼 발효를 많이 하여 짙은 차 빛이라고 해도 솥에서 열 마무리를 하거나 홍배를 하면 청차로 분류한다. 그래서 홍차라고 말하여도 솥에서 열 마무리를 하거나 중국차처럼 홍배라는 것을 하면 아무리 우거도 청차다. 군이 홍차니, 청차니, 구분을 안 한다

면 괘념치 않아도 된다고 본다.

홍차라고 내어 주는 차를 마셔 보면 중국 청차 철관음과 차 맛이나 향이 흡사한 차가 가끔 있다. 홍배를 했다고 한다. 이런 분류쯤은 차를 만드는 사람도 마시는 사람도 알았으면 하는 바람이다.

잭살은 고요한 시간에 사색이 어울린다

공장마당에서 잭살을 말리다가 한 컷

잭살과 맛의 방주

하동 전통 발효차 잭살은 주식회사 단천에서 처음 생산한 이후 15년 만에 세계 슬로우푸드에 등재가 되었다. 처음 "잭살"이라는 이름으로 내어놓으니 동네 사람들조차 웃었다. 특히 "작살로 은어 잡을래?" 했던 사람들이 많았다. 처음은 모든 것이 힘겨웠지만 앞다퉈 잭살이라는 브랜드를 생산하고 있다. 좋은 일이다. 차인들에게도 의미가 깊은 일이다. 여러 사람의 힘이 모여 방치되어 있던 우리 차를 되살려 놓았다.

원석을 그대로 두면 영원히 돌과 광물로밖에 안 보이지만 갈고 닦아 광택을 주면 비로소 보석이 되고 귀하게 여겨지게 되는 이치다. 보석은 마찰 없이 광이 나게 할 수 없다는 진리를 지금의 잭살이 보여 주고 있다. 지켜져야 할 차, 하동의 차, 지리산의 특징을 가진 홍차가 세계적으로 중요한 음식이 된 것이다. 맛의 방주에 들이기란 매우 어렵지만, 누군가 옛것을 그대로 지켜 나가야 한다는 큰 숙제가 있다.

지금처럼 중국차를 모방한다든지 홍차가 아닌 차를 잭살이라고 한다면 맛의 방주에 든 잭살을 제대로 지키지 못하는 것이다. 우리 모두 신경을 써서 방향을 잘 잡아 가야 할 것이다. 맛이 좋은 차, 보기 좋은 차는 널리고 널렸다. 그러나 본질을 벗어 나서는 안 된다고 생각한다. 기본을 갖추되 색, 향, 미에 치중해서 연구 분석 후 다듬고 공을 들여서 평균적인 맛을 가지도록 노력해야겠다.

못생겼다고 내 부모를 부정할 수 없다. 남 앞에 부끄러울까 봐 성형을 시킬 수는 없지 않은가? 우리 차, 우리 차 농사에 당당해 지려한다. 더 중요한 것은 후대에 좋은 차를 산물로 남기려 한다.

자부심을 가질 수 있는 잭살과 맛의 방주 증명서

하동 잭살차 '맛의 방주' 등재

기사 승인 2016. 1. 22. 14:22:15

- 인류가 지켜야 할 음식문화…'왕의 녹차' 이어갈 '발효차 브랜드' 기대

'하동 잭살차(茶)'가 소멸 위기에 처한 세계 각 지역의 토종종자·전통 식품 등을 발굴해 인류가 지켜야 하는 음식 문화유산으로 등록하는 '맛의 방주(Ark of Taste)'에 올랐다.

(재)하동녹차연구소(소장 이종국)는 하동 잭살차가 지난해 7월 한국의 '맛의 방주 위원회'의 심의를 거쳐 지난달 10일 국제슬로푸드생물다양성재단의 심의를 최종 통과해 맛의 방주 인증서를 받게 됐다고 밝혔다.

'하동 전통 차 농업'이 국내 차(茶)로는 처음으로 국가중요농업유산(제6호)으로 지정된 데 이어 이번에 잭살차가 맛의 방주에 등재됨으로써 하동 차의 전통성과 우수성이 국제적으로 인정받는 계기가 됐다.

'맛의 방주'는 사라져가는 전통 식품, 요리, 종자, 농산물을 보존하고자 국제슬로푸드협회가 추진하는 주요 프로젝트의 하나로, 1996년 도입돼 현재 80여 국가 2,000여 종의 먹거리가 등재됐다.

국내에서는 제주도의 푸른 콩장과 꿩엿, 진주 앉은뱅이일, 예산 집장 등 30품목이 등재돼 있다.

하동 잭살차는 '작설(雀舌)'에서 유래한 하동 방언으로, 민가에서 오랜 기간 전승된 홍차형 발효차이며, 민초들의 숨결과 지혜가 배 있는 질박하고 정감 있는 마실 거리이자 민가의 감기·몸살 처방용 비상 상비약으로 이용된 전통 민속차이다.

하동 잭살차는 찻잎을 햇볕, 자연바람, 공기와 조화롭게 응용해 발효시킨 차로, 친자연적인 슬로푸드의 특징을 갖췄다.

따라서, 하동 잭살차는 이번 '맛의 방주' 등재로 국제슬로우푸드협회가 주관하는 국내·외의 각종 마케팅 행사에 참여해 대외 홍보 및 판로개척에 큰 도움이 될 것으로 기대되고 있다.

그럴 뿐만 아니라, 하동 차에 대한 국제적인 위상이 높아져 차 생산 농가의 발효차 브랜드 개발은 물론 소비 촉진을 통한 생산 농가의 소득증대에도 이바지하게 됐다.

이종국 소장은 "하동 잭살차가 맛의 방주에 등재된 것은 한국을 대표하는 전통 차의 역사와 전통성이 인정된 것"이라며 "잭살차의 해외 홍보 및 진출을 통한 차 산업 발전에 이바지할 것으로 기대한다"라고 말했다.

화개면/ 김태수 주재기자. hdgm9700@hanmail.net

잭살차와 카페인

잭살이 대중 안으로 깊이 들어섰을 때 세상에 입소문 두 가지가 있다. 소문은 허튼 것이었지만 잭살을 홍보하는 데 큰 역할을 하였다는 것을 부인할 수 없다. 첫 번째는 잭살을 마시면 잠이 잘 오고 속도 편하고 감기도 낫는다고 알려지기 시작했다. 두 번째는 카페인이 없어서 많이 마셔도 된다고 했다.

덖음차 한 잔만 마시고도 일주일 잠이 안 오고 위에 구멍이 났다고 토로하던 사람들이 잭살을 먹고 몸이 좋아졌다고 했다. 지금도 그런 사람들이 더러 있다. 여기서 아는 체했다가는 큰코다치기에 십상이라 모른 체하는 것이 상책이다. 알면서도 한 닢 벌어 보겠다고 맞장구친 과거는 부끄럽지만 어쩔 수 없다.

뜨겁게 석 잔만 마시면 등줄기에 땀이 흐르고 이마에 땀이 맺히면서 기분도 좋아지고 불면증이 사라졌다는 많은 이들이 잭살을 찾았다. 하지만 뜨거운 맹물 석 잔만 마셔도 이마에 땀방울이 맺히고 등줄기에 땀이 흐른다. 카페인의 작용으로 피로는 사라지고 속이 편하기는 했을 것이다. 사람은 마음먹기 따라서 머리 안의 의식 속의 아픔도 육체의 만병도 이길 수 있다는 걸 잭살을 통해서 경험했다.

덖음차는 한 잔만 마셔도 심장이 떨리고 일주일간 잠을 못 잔다는 사람이 카페인이 제일 많은 홍차는 아무 부담 없다며 끝도 없이 먹는 사람들이 지금도 많다.

카페인이 두려운 사람들은 홍차를 줄이는 것이 좋다. 6대 다류 중 홍차에 카페인 성분이 가장 많기 때문이다. 대신 어린 잎 홍차보다는 큰 잎 홍차를 즐기면 좀 낫다. 햇빛을 많이 받은 찻잎은 카페인 성분이 적기 때문이다. 큰 찻잎은 타닌 성분도 많은데 산화가 되면서 단맛으로 전환이 되어서 뒤끝이 달콤하다. 인위적이든 자연적이든 찻잎은 상처가 나면 갈변현상이 옅음에서 짙으므로 변화된다. 색이 변하는 것은 가장 먼저 타닌 성분이 단맛으로 변화하는 과정이다.

잭살의 탕빛은 만드는 시기에 따라 다르다.

* 5월 초 어린잎이나 부드러운 잎으로 발효시킨 차는 탕빛이 붉은 기운을 띤다. 타닌이 적어서 상큼한 향을 내고 떫은맛이 약하다.
* 한여름에 딴 찻잎은 색이 어둡고 떫은맛이 강하지만 단맛이 좋다.
* 가을에 딴 찻잎은 탕빛은 봄 차와 비슷하고 맛은 여름 차와 닮았지만, 맛이 가볍다.

홍차에는 카페인이 많지만 커피에 비해 적은 편이며 빨리 몸속에서 배출이 된다

7-6

잭살의 우성인자

잭살은 장점이 많은 홍차다. 특히 우리나라는 사계절이 있고 여름에 두 어 달 빼고는 많이 습하지 않아서 홍차의 산화가 적게 일어나는데 결국은 차의 성분이 많이 파괴되지 않는다.

날씨만 좋으면 적은 양의 찻잎을 슬슬 만들 수도 있고 물을 넣은 솥에 차를 끓여 먹었던 형태라서 쉽게 마실 수 있었다. 결정적으로 좋은 점은 오랫동안 살아남았다는 것이다. 그것은 만들기 쉬워서일 것이다. 그런 점들이 잭살의 우성인자로 간주하고 싶다.

덖음차는 조태연가 고·김복순 할머니께서 다시 재현해 주셨기 망정이지 사장될 뻔한 차였다. 덖음차는 6대 다류 중에 가장 예민하며 과정이 복잡하다. 찻잎이 시들려 져서도 안 되고 익히기도 잘 익혀야 하고 차가 완성되었다 싶어도 한 번 더 덖어 줘야 한다.

이런 예민한 과정을 먹고살기도 힘든데 누가 할 수 있었을까? 그러다 보니 자연스럽게 잊혀 가는 차가 되었고 아무리 차의 고장이라지만 배가 고파서 삶이 고달파서 복잡한 노동을 하기 어려웠다.

떡차는 더 복잡한 차다. 만들기 쉬운 차가 아니다. 찻잎을

* 따서
* 쪄서
* 빻아서
* 뭉쳐서
* 엽전처럼 형태를 만들어서
* 말려서
* 가루를 내어
* 화로에 불을 지펴서
* 물이 끓기 시작하면 불을 끄고
* 차 가루를 넣고
* 솔잎을 묶은 솔로 휘저어서
* 그릇에 부어
* 마셨다.

이만큼이나 복잡한 과정을 하고 있었던 사람이 있었다면 제정신이 아닌 사람이었을 것이다. 나라를 양도한 경술국치 이후에는 사실 양반이니 뭐니 없어졌고 행세깨나 했던 사람들이 노동도 해야 했고 머리에 먹물이 잔뜩 든 사람도 어지간하면 독립

운동하러 가버린 시절에 살아남은 차가 잭살이다.

남자 가족들은 징병을 가서 생사도 모르고 여자 가족들은 성노예로 끌려가고 하는 마당에도 슬픔을 이겨 낸 차가 잭살이다. 가장이 사라진 집들이 많았고 죽은 가족이 많았던 시절에 육신과 맘의 아픈 오열을 약 대신 잭살로 버텼다.

과거의 떡차를 다양하게 만들어 보고 있다

일본으로부터 독립을 하고 좀 편해지나 싶었는데 여순반란사건으로 지리산 전체가 흉흉해지고 빨치산을 소탕한답시고 늘 분란이 났다. 그리고 6.25 전쟁이 일었다. 옷이나 신발이 제대로 된 것도 없었고 집이 튼튼한 것도 아니었다. 2대가 지나도록 몸서리치는 일상을 지냈다. 변변한 것이 없었던 시절에 늘 감기·몸살을 달고 살면서 약을 먹을 수 있는 형편이 아니니 잭살이라도 끓여 먹어야 했다. 그렇게 스스로 우성인자의 힘을 발휘한 차가 잭살이다. 앞으로도 그렇게 더 발전해 가리라 믿는다.

일제 강점기 때 화개장터와 피아골 입구 섬진강에서
곡물과 놋그릇 등을 갈취해서 배에 싣는 일본 경찰들
사진출처: 이태룡 역사학자

차씨 당나라로 시집가다

신라의 왕자(김교각)가 당나라에 가면서

* 차 씨앗(금지차)
* 삽살개(선청)
* 잣나무 씨앗(오차송)
* 조 씨앗
* 볍씨(황립도)

위의 다섯 가지 생물 중 차씨도 가져갔다는 것은 의미가 매우 깊다. 이전에 우리 나라에 차나무가 있었다는 말이 된다. 신라의 영역인 지리산 지역 차 종자를 가져갔는지 김해 지역 차 종자를 가져갔는지는 기록에 없지만, 신라의 차씨를 가져간 것은 맞다.

차씨가 빽빽한 야생 숲에서 떨어진 모습

우리의 토종 차씨가 당나라에 심어졌다는 기록을 잊으면 안 된다. 김교각 스님이 차씨만 심은 것은 아닐 것이다. 신라의 차를 만드는 방법, 차를 마시는 방법, 차를 마시는 그릇도 함께 공유되었을 것이다.

어쩌면 신라의 문화가 당나라의 차 문화보다 우위에 있었을지도 모른다. 그리고 다시 시간이 흘러 신라 문화가 당나라 문화인 양 고착이 되고 다시 고려와 조선은 당의 문화를 선진 문화로 수입했을 것이다.

대렴 공이 당나라에서 차씨를 가져왔다는 것도 기록이다. 김교각(후에 김지장스님)이 신라에서 당나라에 차씨를 가져갔을 때는 700년대, 대렴 공이 차씨를 가져왔을 때는 800년대이다. 100년의 세월 중에 반드시 차나 차씨도 교역했던 것 아닐까?

돈 대신 차를 선물로 주고받았을 수도 있을 것이라는 추측이다.

제다인의 측면에서 보면 퍼뜩 그 생각이 떠오른다.

선물로 주고받은 차도 분명히 있었을 것이고 뇌물로 받은 차도 있었을 것이다. 현재 우리가 일본, 중국차를 먹어 보고 평가하고 그 나라의 차를 따라 만들어 보기도 하는 것처럼 그 당시에도 상대방 나라의 차를 맛보고 만들어 봤을 것이다. 또한 당나라가 불교 숭상을 하면서 신라도 불교에 더 밀착했다.

차씨 껍질이 차씨 알맹이를 받히고 있는 모습이 웅장하다

신라는 한때 일 년에 150명의 스님을 당나라로 유학을 보냈다. 물론 당나라 차를 마셨을 것이고 신라차를 만들어서 나눔을 했을 것이다. 교류는 그런 것이다. 커피가 우리나라에 들어온 지 200년도 안 됐는데 대한민국은 커피 천국이 되었고 우리

국민은 세상에서 가장 비싼 커피를 마시고 있다. 순전히 사견이지만 분명 차 만드는 방법도 주고받았을 것이다.

우리나라에 삼국시대부터 덖음차가 있었다고 장담하는 이유는 일본 우레시노차를 보면 당나라와 신라의 교역량을 봤을 때 일본보다 먼저 익혀서 만드는 차를 들여왔지 싶다. 증제차든 덖음차든 그것은 장담 못 하지만 신라 시대도 잎차를 마셨다고 확신한다. 제다인이라면 이 또한 자연스럽게 생각의 접근이 가능해진다.

복잡하게 만든 떡차를 가루를 내어 점다를 하지 않고 지금처럼 통째로 넣어서 끓였을 수도 있고 간단히 찻잎을 말려서 단순하게 마신 방법도 있었다는 것이 제다인으로서 감히 추론해 본다. 천 년 전이나 지금이나 제다인의 생각은 대동소이하다.

일본 우레시노는 제주도의 지형과 비슷하다. 일본 여러 군데의 차 재배지역 중에서 우레시노 지역은 단연코 부초 차가 가장 활성화된 곳이다. 1500년 초 조선 시대 때 일본에서는 그때서야 우레시노 지역에 찻그릇을 만들 도공을 수입했는데 그들이 뜨거운 솥에 높은 온도로 차를 익혀서 먹는 것을 보고 덖음차 만드는 법을 배워서 지금까지 차를 만들고 있다.

그렇다면 우리가 뒤떨어진 민족이 아니라면 분명 일본보다 먼저 덖음 방식의 차를 만들어 먹었을 것이다. 차의 사대주의에 빠지지 말고 우리 차의 가치를 가볍게 보지 말자.

＊신라는 개방적인 나라였다.
＊문명과 문화가 당나라보다 더 뛰어났다.

* 지금의 안후이성은 신라 땅이었다는 말이 있으며. (이 부분은 역사학자들이 더 밝혀야 하며)
* 삼국사기에 신라 시대 때 일식을 측정한 장소가 지금의 중국 안후이성에서 측정되었다는 근거가 과학적으로 밝혀졌다는 현대과학 자료가 있는데 그 땅이 신라의 땅이 아닌지 사관들은 따져 보아야 한다.
* 당나라는 신라가 일본보다 가깝다.
* 일본은 당나라에서 찻그릇 만들 도공을 수입했지만, 신라는 그릇뿐 아니라 공예 기술 또한 세계 천하였다.

요즘 한 역사학자의 강의에 열광하며 빠져 있다. 당나라 안후이성을 비롯한 장보고의 유적 등을 보아 이 지역이 신라 땅이었다는 것이다. 이 젊은 역사학자의 강의를 듣다 보면 저절로 손뼉을 치게 되어 있다. 거기서부터 가정을 하고 우리 차의 기원이나 차 역사를 들여다보면 우리 차의 모두 의문은 곧 풀릴 것이라 본다. 나 같은 무지렁이가 아닌 차 전문가들이 이 부분을 심도 있게 연구해 줬으면 하는 간절한 바람을 가져 본다.

수령이 700여 년으로 추정된다는 차나무의 밑둥

차 비비는 전통의 방법

＊한국 전통형 비비기 - 360도 비비기다. 김밥 마는 원리를 생각하면 쉽다.

김밥을 도로로 말아서 김밥의 끝과 끝이 다시 만나서 붙는 원리와 같다.

상당한 내공과 연습이 필요하지만, 이 방법을 터득하고 나면 수제차에 재미를

붙일 수밖에 없다. 간단하지만 테크닉을 요구하는 기술적인 면이 있다.

반복된 훈련 몇 번만 하면 할 수 있다.

예시) 육각 면이 있는 볼펜을 예로 들어 보면 '모나미'라는 글자가 있지 않은가? 그

모나미 글자가 완전히 한 바퀴 돌아서 다시 그 자리로 오게 하는 것이다. 모

나미 글자가 삼면이나 사면만 왔다 갔다 하는 것이 아니라 모나미라는 글자

가 한 바퀴 빙 돌아서 다시 제자리로 돌아오게 하는 방식이다.

이 방식이 화개만의 수제차 전통으로 지켜져야 한다고 강력하게 주장하는

바라서 궁금하면 누구에게든 공개하겠다. 추후 이 비비기 방식을 용어와 함

께 사진으로만 자세히 정리해서 한 눈으로 봐도 알 수 있게 하려고 한다.

방법) 두 손에 쥐어질 만큼 찻잎을 쥐고 360도로 30센티 이내의 공간에서 도르르 밀어 서 굴려 준다. 멀리 갔던 찻잎이 다시 제자리로 돌아오게 하는데 제다인 앞으로 올 때도 도르르 굴리면서 말리게 가져온다.

몇 번 하다 보면 찻잎이 점점점 가로로 늘어나 두 손아귀 밖으로 벗어난다. 그럴 때 다시 모아서 한 번 털어주고 또 비빈다.

많이 비빌수록 차는 부드럽고 독성은 약성으로 변한다. 찻잎이 찢어지는지 확인은 손바닥 아래 광목천 위를 보면 알 수 있다. 이 방법은 전혀 찢어지지 않았을 것이다.

* 중국형 비비기 : 둥글둥글하게 공 구르듯이 돌리면서 비빈다. 이것은 비비는 것이 아니라 공 굴린다고 하는 것이 맞다. 나쁘다는 것이 아니라 우리 전통 비빔방식이 있는데 굳이 잘 비벼지지도 않는 방법을 사용하는지 모르겠다. 물론 이 방법도 중국에서 차 공부를 하고 온 일부 사람들의 영향이긴 하다.

중국은 녹차라고 하더라도 일부 발효가 진행되어 비비는 데 그리 까다롭지 않아도 된다. 야무지게 비벼지지는 않지만, 찻잎이 찢어지지 않고 형태가 절 보존되는 장점이 있다.

* 비비다가 마는 형 : 빨래를 비비듯이 두 손을 90도에서 150도 정도 왔다 갔다 하는 방법이다. 이 경우는 찻잎이 숨을 죽이기는 하겠으나 잘 말려지지는 않는다. 큰 단점은 비비는 과정에 찻잎이 찢어져서 쓰고 떫은맛이 빨리 우러나오고 차의 맛과 탕빛이 빨리 끓기고 차 찌꺼기가 생겨서 차 빛이 맑지 못하다.

8

차밭과 차나무

차밭 관리

* 차밭은 4월과 5월에 찻잎을 따고 나면 그대로 둔다.
* 7월 중순쯤 잡풀이 차나무의 키와 같은 높이가 되면 차나무 풀을 맨다.
  그 후에도 그대로 두면
* 9월쯤 다시 풀의 높이가 차나무와 같이 되면 그때 다시 한번 매어 주면 된다. 차밭 관

20여 년간 우리차밭에서 차도 따고 관리를 해 주신 길순 대장 할매. 언제나 든든했다

리는 그리 어렵지 않다. 차밭의 풀을 맬 때는 낫도 필요 없고 손으로 뽑으면 아주 잘 뽑힌다.

차나무는 주로 밀식되어 있어서 이랑에만 풀이 나기 때문에 슬슬 뽑으면 뿌리까지 아주 잘 뽑힌다. 뽑은 풀은 차밭 이랑에 그대로 눕혀 두고 살짝 밟아 주면 거름도 되고 좋다. 예를 들어서, 봄에 찻잎을 따고 난 후 풀이 조금 자랐다고 금방 뽑아 버

리면 피로도 누적되고, 인력 소모도 있다.

봄에 차밭을 워낙 많이 헤집고 다니기 때문에 풀이 금방 자라지는 않는다. 7월 때쯤, 장마 즈음에 풀이 올라오면 그때 싹 뽑아서 차밭 이랑에 눕혀 버리면 된다. 풀은 손으로 뿌리째 뽑는 것이 가장 좋다. 도구를 이용하여 낫으로 벤다든지 예초기를 이용하면 뿌리가 남아 있어 돌아서면 풀이 자라 있다. 뿌리를 남겨 두면 한 달에 한 번, 1년에 최소 세 번 이상 풀을 베어 주어야 다음 해 차를 따는데 지장이 덜하다. 차밭은 부지런을 떨지 않아도 된다.

차나무의 전지는 7월 말이나 8월 초에 해 줘야만 다음 해 햇차를 빨리 딸 수 있다. 다농들은 성급하거나 부지런해서 차밭에 풀이 자라면 조바심을 이기지 못한다. 5월 중순 무렵 되면 온 사방에서 예초기 소리가 나기 시작한다.

조기 전지는 차나무의 어린 가지가 성수가 돼버려서 여름부터 새순이 나고 다음 해에 자랄 움 자리를 만들어 주지 못한다. 그러다 보니 다음 해 이른 차나 많은 봄차를 기대하기 어렵다. 즉 찻잎이 늦게 나오고 많이 틔우지 못한다는 뜻이다.

7월 말이나 8월 초에 차나무 전지를 하고 나면 잔가지가 많이 생기지 않고 움을 틔우며 움츠려 있다가 바로 찻잎이 올라온다. 물론 차 수확량도 많아진다. 예를 들어 열 평 규모에서 1kg 수확을 했다면 늦은 전지는 2kg까지도 딸 수도 있다. 빨리 수확을 하니 그 자리에 5월의 따뜻한 기온에 힘입어 세물차까지 충분히 딸 수 있으니 홍차용 찻잎도 넉넉하게 딸 수 있다.

늦은 전지는 고급 차뿐만 아니라 대중용 차까지 다양한 찻잎을 장기간 딸 수 있는 좋은 점이 많다. 5월 초순이 되면 한 번 따고 나니 찻잎이 안 올라온다고 푸념하는 다농들이 있다. 그래서 가공된 차가 부족한 상황임에도 조기에 차 만드는 일을 조기 마감하는 경우가 많다. 이른 전지가 원인은 아닌지 한 번쯤 살펴보시길 바란다.

차밭의 칡넝쿨, 마삭줄, 참마 등의 덩굴을 제거하는 작업 중

8-2

차나무 높이

차나무의 높이도 매우 중요하다. 차나무의 높이가 낮으면 차가 싱겁고 찻잎이 가벼워 차 맛도 깊지 않다. 특히 덖음차 용으로는 매우 부족하다. 차나무는 적정 키 높이대로 해 줘야 찻잎의 무게도 나가고 다양한 성분들이 추출되는 맛있는 차가 된다. 연륜이 있는 제다인이라면 누구나 알 수 있다.

찻잎 따기에 편리함만 추구하다 보니 어릴 적 먹던, 깊은 차 맛은 이제 기대하기가 어렵다. 다리와 허리가 안 좋은 늙은 다농들이 앉은뱅이 의자에 앉아서 찻잎을 따기 위해 30㎝ 전후로 전지를 하는 경우가 많아졌는데, 이런 경우 차 맛도 없지만, 차나무의 생명도 짧아진다.

또한 잔가지가 많아지면 겨울 추위에 동해를 입고 초봄의 꽃샘추위에 냉해를 입게 된다. 화개의 고차수(古茶樹)를 기록한 '차신'이라는 책에도 나와 있지만 아무리 큰 추위에도 고차수들은 결코 동해를 입지 않고 이른 봄날 다른 나무들보다 빨리 싹을 틔운다.

수십 년 차를 마신 고승들이나 차 애호가들은 옛 차 맛이 나지 않는다는 푸념을 한다. 똑같은 이야기지만 차 맛이 좋고 차나무의 평균 수명을 200년까지 유지하려면 차나무의 키는 보통 70㎝에서 1m까지가 좋다. 또 1m가 넘으면 찻잎 따기가 어려우니 다농들의 키에 적절히 맞춰 전지하면 좋겠다. 나는 지금도 3년에 한 번 전지한다.

예전 다농들은 낫으로 전지를 하다 보니 정교하지도 않았고 대충했다. 그것이 오히려 차 맛을 끌어 올리고 끝맛을 달콤하게 하는 역할을 한 것이다.

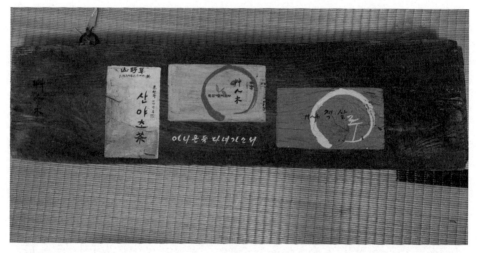

단골고객인 화가께서 내 차를 먹고 감동받아서 보내온 차통 그림. 참 오래되었지만 보관하고 있다

차밭은 수다방

차나무를 재배하기 전까지는 혼자서 찻잎을 땄지만, 농민들이 다른 작물을 갈아엎고 주변의 야산에서 딴 차 씨로 차밭을 일궜다. 재배 면적이 넓어지고 제다공장들이 늘어나면서부터 인력이 많이 동원되었다. 지나가는 동네 개들도 불러 모으고 싶을 정도로 힘든 노동의 시절이었다. 비례해서 금전적인 여유도 있었고 문화생활도 하기 시작했다.

화전 밭이 대부분이어서 쌀과 보리 보다 감자, 고구마에 의지했던 주식이 쌀밥으로 바뀌는 호사도 누리기 시작했다. 근대에서부터 지금까지 화개 사람들에게 차는 구세주요, 천국의 시간이었음은 아무도 부인하지 못할 것이다.

차 따는 놉들도 각자 다른 곳에서 오지만 그들의 친화력은 번갯불보다 더 퍼떡이는 불꽃이 튄다. 대화의 말머리는 서먹하기 짝이 없이 "어디서 오셨소?" "몇 살 자셨소?" "자식은 몇이나 낳았소?"로 시작한다. 한 달이 넘게 같이 차밭에서 동고동락할 동지에 대한 기본적인 물음이다. 하지만 들으나 마나 한 어쭙잖은 탐색전의 서막은 채 한 시간도 되지 않아 동지 의식이 발동하여 함께 가슴 아파하고 분통해 하는 연속극이 시작된다.

1편은 시어머니로부터 고된 시집살이 이야기다. 첫 딸을 낳자마자 아들 못 낳았다고 미역국 안 준 시집살이1의 타래가 나오면 여기저기서 한숨이 터지고 시집살이2는 한겨울에 찬물에 이불 빨래해서 평생 뼈마디 아픈 이야기가 나온다. 시집살이3의 이야기에서는 '썩을' '호랭이 물어갈' '염병하네' 등의 반 욕설이 튀어나온다.

뭐니 뭐니 해도 시집살이 주제에서 시집살이3 아주머니를 이길 반전은 없다. 시어머니가 남편에게 작은 각시를 붙여 주었다는 이야기다. 거기다 그 첩이 떡두꺼비 같은 아들을 낳아 시집살이는 더 호되어졌다. 요기까지는 그저 그런 흔한 연속극이다.

옹기종기 모여 수다를 떨며 찻잎을 따고 있다

맞장구는 쳤지만, 속으로는 나도 그 정도 시집살이는 산다 정도였다. 재미도 없다, 시집살이4의 이야기쯤 되어야 클라이맥스에 달한다. 시어머니의 후견으로 딴 살림을 차렸던 남편이 재산 탕진 다 한 것도 모자라 중병이 들어서 본처에게 돌아와서 치료를 받고 있다는 이야기에는 짠해서 눈물 콧물 범벅으로 자기가 주인공인 것처럼 울고불고한다.

하지만 여기서 더 보태어지는 환장할 이야기는 못 된 시어머니가 치매가 와서 벽에 똥칠하고 똥 기저귀를 가는 이야기까지 하다 보면 해는 뉘엿뉘엿 넘어가고 연속극 1편은 끝이 나지만 2편, 3편은 갈수록 흥미진진해진다. 다음 날도 그 사람 다음 날도 시집살이 30편의 연속극은 이어진다.

차밭 수다의 경악할 갑 중의 갑은 뱀 새끼를 낳았다는 아녀자 이야기다. 사실 차밭에서 가장 어려운 일은 대소변이 문제다. 놉들은 돈을 쉽게 벌지 않는다. 소변보는 시간도 아까워한다. 옷 내리고 볼일 보고 옷 올리는 시간이 얼마나 걸린다고 한 잎이라도 더 따 주기 위해 소변을 꾹꾹 참는다.

그분들은 남의 돈을 쉽게 가져가지 못한다는 생각이 머릿속에 꽉 박힌 분들이다. 요즘 젊은이들이 본받아야 할 점이다. 점심밥을 먹기 전에야 겨우 서로 망을 봐주며 나이 순서대로 볼일을 본다.

그런데 이 실체 없는 이야기는 사실처럼 퍼져서 아직도 순진한 놉들 사이에서 사실처럼 수십 년 동안 회자되고 있다. 가임기에 있는 어떤 분이 차 따러 왔다가 풀숲에서 소변을 누는데 뱀이 그곳에다 알을 낳아서 임신했고 낳고 보니 뱀 새끼였다.

얼토당토않은 이야기인 줄 알면서도 진실인 것처럼 퍼져서 봄날 차밭의 가십거리

중 단연 최고였다. 작년 봄의 이야기가 올봄에도 회자되고 내년 봄에도 똑같이 사람 몸에서 뱀 새끼는 나왔다.

차밭의 잡풀을 맬 때면 모기, 깔따귀 등이 많아서
임시방편으로 모기향을 피우면서 작업한다

근대의 다동(茶童)들

쌍계나들이 쌍계교 앞에 서서 석문마을 쪽만 바라보고 서서 두어 시간만 있으면 되었다. 그러면 난 맛있는 과자를 먹을 수 있었다. 작은오빠의 그 날 수완이나 컨디션에 따라 뽀빠이를 먹을 수도 있고 라면땅을 먹을 수도 있고 자냐를 먹을 수도 있었다. 맛이 있고 없고는 아무 상관이 없었다. 그저 밀가루를 튀긴 과자를 뽀득뽀득 씹을 수 있어서 좋았다. 점심으로 먹은 보리밥은 방귀 몇 번 뀌고 나면 허기가 배를 조여 왔을 시간 배부르기까지는 바라지도 않았고 과자가 허기만 없애 주어도 좋았다. 수업을 마친 작은 오빠가 쌍계 다리를 두 번 왔다 갔다 하면 한 번은 얻어먹을 수 있었지만 한 번만 건너오면 내 입에 들어갈 과자는 없었다.

지금은 그 작은오빠가 스님이 되었다. 머리도 비상했고 부지런하기가 따라 올 사람이 없었다. 초등학교 저학년 때부터도 썰매, 물레방아, 낚싯대, 팽이 등등 못 만드는 것이 없었고 손을 가만두지 않았다. 차를 수확할 시기가 되면 작은오빠는 수업을 마치자마자 좋은 길을 두고 지름길로 다녔다. 경사 40도가 넘는 옥천 계곡 쪽을 내

1970년대 초반 내 오빠들이 자야 과자봉지에 찻잎을 가득 채우면
찻잎 가격을 20원을 받았다

려와서 개울을 건너서 집으로 오자마자 책 보따리는 내팽개치고 20원짜리 과자 한 봉지를 샀다.

자야를 사 먹으면 그날은 50원을 벌 수 있고 뽀빠이를 사 먹으면 30원을 벌 수 있었다. 과자 가격은 똑같이 20원짜리지만 과자봉지 크기가 달라서 수입도 달랐던 것 같다. 오빠는 늘 자야를 샀다. 50원을 받으면 과자를 두 봉지 사고도 10원이 더 남으니 선택의 기로에 서 보질 않았다고 지금도 호기롭게 자랑을 한다. 아마도 찻잎을 닮은 듯 동생들의 참새 주둥이가 생각나서 그랬을 것이다.

작은오빠는 날다람쥐보다 빠르게 닳아빠진 고무신을 신고 과자봉지를 들고 쌍계사 뒤로 뛰어갔다. 첫 번째 과자 먹기는 포기하고 두 번째 과자를 기다렸다. 작은오빠가 산으로 한 번만 가지 않으리라는 것을 알기에 시간만 흐르면 됐다.

다 먹은 과자봉지는 쌍계사 주변 옥천 계곡물에 깨끗이 씻고 뒤집어서 물기를 털어 말리기도 성격만큼이나 꼼꼼히 했고 그 시간도 귀했다. 빈 과자봉지의 용도는 야생차를 따서 담는 것이었다. 1970년대 초반에는 작은 봉지 하나도 귀했던 시절이었으니 과자봉지 하나도 여러 용도로 쓰였다. 해지기 전에 한 잎이라도 더 따면 과자 한 봉지를 더 먹을 수도 있고 못 먹을 수도 있기 때문에 속도가 곧 과자였다.

작은오빠 말에 의하면 그 당시 야생차는 쌍계사 뒤편 내원골 가는 길에 가장 많았다고 했다. 국사암에서 불일폭포 방향에는 동네 사람들이 군불용으로 섶나무를 많이 해서 거의 없었고 차 시배지는 대나무가 많아서 찻잎을 빨리 많이 딸 수가 없었다고 했다. 과자가 눈앞에 어른거려서 집 건너편 차시배지에는 눈도 안 돌렸다니 어른 같은 아이였다. 그렇게 찻잎으로 과자봉지가 가득 차면 비수같이 뛰어와서 조태연가에 팔았다.

실제 작은오빠는 범띠다. 방정스러울 정도로 서둘러 찻잎을 팔고 다시 과자 두 봉지를 사서 한 봉지는 자기 보상으로 혼자 다 먹고 한 봉지는 침 흘리는 네 명의 동생들에게 나눠 주고 다시 뛰어갔다. 작은오빠는 흔히 말하는 땅딸보이다. 하지만 외모는 그저 표현일 뿐이다.

지금도 말하기를 어린 다동이었지만 자기는 찻잎을 다루는 나름의 원칙이 있었다고 했다.

* 우전은 우전답게 첫 잎이 딱 참새 혀처럼 펴지지 않은 걸로만 따기
* 세작은 세작답게 두 잎, 세 잎 구분 없이 엄지손가락 한 마디 크기로 따기
* 봉지에 꼭꼭 눌러 담으면 수분이 맺혀 차 품질이 떨어지니 살짝만 눌러 담기
* 특히 시간이 지체되면 산화가 되니 속전속결로 찻잎 팔기 등등

그 당시 빈 소주병 4병인가를 팔아야만 자야(과자) 한 봉지를 샀는데 언제 어디서 나올지 모르는 소주병을 주워서 파는 것보다 찻잎을 따서 팔면 이문이 더 많아서 좋았다고 한다. 1970년대 화개골 아이들의 차 따는 일은 배고픔을 달래는 노동이었다.

올해 딸 유정이 서른두 살이 됐다. 쌍계초등학교 부설 유치원 때부터 걸어서 집으로 오는 길엔 부모님께서 손수 일군 차밭이 있다. 지금은 그 차밭 한편에 부모님이 나란히 누워 계시기도 하다. 작은오빠와 딸의 나이는 30년 차이가 난다. 그래도 세월은 차 철 지리산 아이들의 생활 밑그림을 크게 다르게 그리지 않았다.

우리 차밭 길로 등하교를 하던 딸이 집에 오면 유치원 가방 여기저기서 찻잎을 쏟아 내고 옷 주머니마다 찻잎을 덜어냈다. 엄마를 돕기 위해서 열심히 따 온다고 했지만 그래 봤자 어른들 반 주먹도 안 되는 양이다. 그 가상한 마음이 고마워서 딸을 물고 빨곤 했다. 다른 집 아이들의 가방이나 주머니도 찻잎으로 가득하기는 마찬가지였다.

저녁밥을 먹고 차를 덖을 시간이 되면 제다실에 와서 차 덖는 엄마를 비롯하여 같이 차를 비벼 주는 이모 삼촌들에게 한껏 재롱을 떨다가 지쳐서 혼자 가서 씻고 잠을 잤다. 유치원 아이들이라고 봐주는 일 없이 어른들과 똑같이 새벽밥을 먹는 집이 흔했다. 4, 5월의 아침밥은 빠른 집은 6시 넘으면 먹었고 늦어도 일곱 시가 되기 전에 먹었다.

자는 아이들을 깨워서 졸음을 이기지 못하는데도 밥을 먹였다. 그렇지 않으면 아이들은 혼자 깨서 학교에 가지 못하고 한두 교시가 끝나야 등교를 했다. 그럴 때마다 부모 입장에서 먹고사는 것이 이런 것인가 싶어 밥인지 아픔인지 모를 것을 삼켰다. 그렇게 부모들은 도시락을 싸서 차밭에 찻잎을 따러 가거나 차 맛내기를 하러 제다실로 향하면 아이들은 각자 알아서 등교했다. 이른 등교를 해서 아이들끼리 운동장에서 놀았다.

잊히지 않는 일화 한 가지가 있다. 딸 유정이가 초등학생이 되고 차 철이 되기 전에 학부모 회의가 열렸다. 여러 가지 안건이 오가고 회의를 마칠 즈음 경비 아저씨께서 마이크를 잡았다. 다름 아니라 곧 차 철이 다가오는데 제발 아이들을 학교에 일찍 보내지 말라는 말씀이었다. 그 부탁은 슬플 정도로 애절하고 간곡했다. 아이들이 아침 6시 30분도 안 돼서 등교한다고. 아이들은 교문을 열어 달라고 고함을 치고 숙직실 창문을 두드리고 아저씨 이름을 부르고

뽀빠이 과자봉지는 자야 과자봉지에 비해 작아서 한 봉지에 찻잎 가격은 10원을 받았다. 10원과 20원은 각각의 과자 가격과 같았다

아침마다 난장판이어서 너무 피곤하다고 말씀하시는데 그 부탁을 외면할 수밖에 없었던 기억이 난다. 그렇게 화개골 아이들은 봄날의 야생 차나무처럼 알아서 크고 내버려 두어도 쑥쑥 자랐다. 모두 다동이었다.

달은 낮에도 늘 떠 있다. 그런데 굳이 낮달이라고 부른다. 우리 눈에 잘 보이지 않기도 하고 보려고도 하지 않는 이유일 것이다. 지금 커피와 보이차가 한국을 삼켜버렸지만, 달이 하늘에 늘 떠 있듯이 우리 차도 변함없이 그 맛과 향으로 그 자리에 있다. 달이 차오르듯 아이들이 자라서 어른이 되고 우리는 늙어 가고 있지만, 차에 대한 사랑은 낮달 같기를 바란다.

9

잭살 빚기

잭살 찻잎 따기

준비물 : 토시, 장갑, 모자, 찻잎 넣는 앞치마, 손수건 등.

차를 딸 때 준비물은 딱히 중요한 것은 없었다. 1960년대에는 쌀자루나 콩 자루를 가져가서 조금씩 따 담았다. 복장은 그 시절의 편안한 옷을 입었다. 아랫도리는 주로 흔히 말하는 몸빼 바지를 입었고 고무신을 신었다. 때로는 짚신도 신었다.

찻잎 딸 때는

* 끈이 있는 옷은 피했다.

* 벌레, 벌, 뱀 등이 많아서 가장 간편하고 체온을 조절할 수 있게 아침과 한낮의 외부 온도 차가 커서 옷을 몇 겹 껴입고 더울 때마다 한 가지씩 벗었다.

* 광목으로 만든 행주치마에 커다란 주머니를 달아서 사용했고

* 어린잎을 딸 때는 양이 적게 나오니 보리밥 대바구니도 사용되었다.

* 신발은 장화를 주로 신었다. 근대에 고무장화가 나오면서부터는 뱀의 침략으로

고차수에서 찻잎으로 빚은 다섯 가지 茶

부터 든든한 보호막이 되었다.

조심해야 하는 것이 있었는데 차에 대한 지식이 없었어도 친정어머니는 차 철이면 세숫비누로 세수를 하지 않고 빨랫비누로 머리를 감고 세수를 하셨다. 김치와 된장국을 먹지 않았다. 냄새가 강해서 차에 비누 냄새와 김치, 된장국 냄새가 밴다는 이유에서였다. 생각해 보면 지금보다 훨씬 차를 신성시하였다. 요즘은 누구나 선크림과 핸드크림을 바른다.

찻잎을 따다 뱀을 만나면 만정이 떨어지고 무서워서 잠시 마음을 진정시켜야 한다

재배차가 아닌 차밭은 차 따기가 어렵다

9-2

잭살 찻잎 크기

평균 1창2기를 사용했다. 뾰족한 하나의 순과 두 개의 퍼진 잎, 편하게 세 잎 정도라고 생각하면 된다. 찻잎의 크기는 굳이 중요하지 않았다. 늦봄이나 초여름, 초가을에 딴 찻잎 위주로 잭살 홍차를 빚었다. 홍차는 일조량이 많을수록 카페인은 적고 타닌이 많아서 뒤끝이 달다. 창이 부드러운 맛을 낸다면 잎은 깊고 달고 상큼한 맛을 담당한다.

1창2기의 잭살용 좋은 찻잎을 사용하려면 두물차까지만 따고 그대로 두었다가 2주쯤 후에 찻잎을 따면 따기도 좋고 산화도 잘 일어난다. 또한 차 맛이 매우 부드러워지고 향이 오래 간다. 개인적으로 잭살용 찻잎으로는 최고로 친다. 그래서 꼭 5월 25일이 지나서 잭살을 빚는다. 25년간 그 방법이 최고였다.

경험상 잭살은 1창2기의 모습이 뚜렷할 때 가장 좋은 맛을 낸다

찻잎 따는 요령

엄밀히 찻잎의 따는 형태만 가지고 설명하자면 '따는' 것이 아니라 '뽑는' 것이다. 초보자들은 보통 찻잎을 엄지와 금지 손톱으로 자른다. 손톱으로 자르듯 하면 안 되고 부드러운 줄기에 엄지, 검지, 가운뎃손가락 첫마디를 갖다 대고 쏙쏙 뽑아야 한다.

따고자 하는 부분에 시선을 고정한 후 부드러운 줄기를 손가락을 이용하여 자신 앞으로 쓱 당기면 찻잎이 손안에 들어와 있다. 엄지와 검지를 이용하되 간혹 중지까지 합쳐서 찻잎 줄기에 손가락을 갖다 대고 살짝 힘을 주면 잘 뽑힌다.

줄기를 뽑아서 안 뽑히면 가공이 제대로 되지 못하고 쓸모없는 것이라 꺾은 줄기는 버려야 한다. 손가락 두 개만 이용해서 잎을 뽑다가 능숙해지면 손가락 세 개를 자연스럽게 사용하게 되고 차츰차츰 손이 보이지 않을 정도로 번개같이 찻잎을 따는 프로의 면모를 갖추게 된다.

꺾어서 딴 잎은 차가 완성되기 전까지는 부드러운 잎인지 센 잎인지 육안 식별이 어렵다. 차를 완성 후에야 누렇게 뜨고 산화되지 못해 새파란 차와 나뭇가지들이 보이면 그때서야 후회되고 암담해진다. 따서 집에 가져와서 찻잎을 일일이 손으로 다듬어 필요한 것과 불필요한 것을 골라내는 것보다 새로 찻잎을 따서 가공하는 일이 더 수월할지도 모른다.

그만큼 찻잎은 딸 때 수고롭게 따고 차 일이 시작되기 전에 다듬고 손질하는 일을 매우 꼼꼼히 해야 한다. 화장 전 거울 앞에서 민얼굴을 미리 살펴보듯이 불필요한 잎은 미리 빼내는 것도 중요하다.

그렇다면 외국의 홍차용 찻잎은 어떻게 딸까? 외국도 부드러운 차의 줄기만 골라 뽑는 형태이다. 찻잎을 따는 방식은 전 세계 공통으로 뽑는 형태이다. 만약 꺾듯이 찻잎을 하거나 손톱으로 자르면 효율이 엄청나게 떨어진다. 손톱으로 하나 자르고 또 자르고 하다 보면 해는 지고 없다.

탁탁탁탁 뽑으면 금세 눈에 손이 보이지 않을 만큼 딸 수 있는데, 손톱으로 자르면 이미 몇 동작이 늦어지는 것이다. 어떤 동작을 하느냐에 따라 그날의 차 수확량은 많은 차이가 있다.

숙련된 다농들은 양손으로도 딸 수가 있고 한 손으로도 딸 수가 있는데 양손으로 딸 때는 리듬까지 탈 수 있어서 차 노동요가 저절로 흥얼거려진다.

양손 찻잎 따기

첫물차, 그러니까 처음 나오는 찻잎은 양손으로 딸 수가 없다. 차나무의 잔가지 사이사이에서 손에 잡히지 않을 만큼 어린싹들이 한 촉씩 올라오기 때문에 한 손은 가지를 잡고 한 손으로 어린잎을 따낸다. 조금 늦게 초벌을 따고 나서 두 번째 올라오는 두물차부터는 제법 찻잎의 줄기가 생기고 새순이 커져서 손에 잡히기 때문에 양손 따기가 아주 쉽다.

차를 따는 양은 차의 가격과 놉의 인건비랑 비례되어야 하는데 인건비며 자재비 등은 천정부지로 올랐지만 차를 따는 놉들의 노령화와 인력 부족으로 제다업체는 겨우 명맥만 유지할 뿐이다. 현실적인 대안이 필요하다. 앞으로는 제다업체가 만들 차를 본인들이 따서 만들어야 할 때다. 그렇지 않으면 모두 기계 채취를 해서 선별기로 차나무 가지와 어린잎, 큰 잎 등 구별해서 차를 만들 수밖에 없다. 그래서 적은 양의 차를 고급화하는 것이 급선무다.

잭살용 찻잎 크기

홍차는 찻잎의 크기가 되게 중요한데 선대의 어른들은 어린 찻잎을 선호하진 않았던 것 같다. 임금한테 진상하거나 스님들이 마시는 것은 다동(茶童)들, 6살, 7살 어린아이들이 땄다는 설도 있고 구전으로 내려오는 것도 있고 옛 시 구절에도 있으니까.

1창2기나 1창3기까지는 전통 홍차 잭살을 만들어서 먹었다. 그래서 찻잎이 쭉쭉 뽑히는 최대한의 한도를 맞춰서 땄다. 거의 훑어내다시피 했다는 것이 맞겠다. 차를 딴다고 할 수 있는 것은 고급 차에 적용이 된다고 생각한다. '움을 딴다'든가 '일창을 딴다'라는 고려 시대 때의 표현이 있다.

'찻잎을 딴다'라고 하는데 1창1기가 넘어가면 1창2기부터는 찻잎을 뽑는다고 표현하는 것이 맞을 것 같긴 한데, 일단 용어는 굳이 다른 표현을 할 필요는 없을 것 같고, 통일하여 '찻잎을 딴다'라고 하는 게 맞을 것 같다. 우리 전통식 홍차 잭살은 어찌 되었든 1창2기 정도가 가장 맛있고 좋은 차로 완성되는 것 같다.

잭살용 차는 찻잎이 커도 차의 맛이 나쁘지 않다

찻잎 따는 놉

수백 년 전에는 차밭이나 농지를 사찰이 소유하는 경우가 많았고 큰 절에서 일 좀 도와주고 끼니를 해결하는 사람들이 흔해서 찻잎을 딸 때 남녀노소 동원되지 않았나 싶다. 차는 고려 시대를 정점으로 양반이나 승려들에게 풍류의 한 가지가 될 정도로 일반화되었고 조선 시대 때는 부작용을 억누르는 작업까지 있었다.

그 예가 지리산 일대의 차밭을 모두 불태워 버리는 사건이었다. 어린아이들 손에나 잡힐 법한 어린 움을 따서 차를 만들어 임금한테 진상하는 것을 보고 분노를 하였다 하니 목민관의 자세가 되어 있었던 사람 같다. 말이 좋아 다동이지 예닐곱 살 아이들이 한겨울 노동이 뭔 말인가?

근대에는 놉을 구하는 형태였다. 내 친정 같은 경우에는 차 철이면 한 달 정도 숙식하는 외지인들이 서너 분 있었다. 같이 밥 먹고 자고 새벽부터 나가서 차를 따고 어두워지면 들어오고, 저녁이면 차를 덖어 비비고 널고 아침에 다시 한번 더 털어서 널고 또 차를 따러 갔다. 예나 지금이나 차 따는 사람들이 쉬는 날은 비 오는 날이다.

놉을 모을 때는 전혀 모르는 사람 보다 사돈의 팔촌이나 그 사돈의 팔촌의 아는 사람을 구했다. 현금이 귀하던 시절이라 쌀보리로 겨우 입에 풀칠만 하는 사람들이 대부분이라 현금화할 수 있는 몇 안 되는 벌이가 찻잎 따는 것이었다. 그러다 보니 인정으로 놉을 구했고 한 달이 넘게 내 일처럼, 한 식구처럼 일했다. 찻잎 벌이로 자녀들 공부시키고 용돈을 줬다.

찻잎을 혼자 딸 때는 새소리 물소리와 친구가 된다

찻잎 따는 남녀

근대에는 여자들이 찻잎을 주로 땄다. 햇차가 나올 즈음이면 일 년 농사의 시작이 함께 되는 봄이라 남자들은 밭이랑 갈고 볍씨나 고추 모종 심는 것 등을 했다. 1990년대 들어서서는 폭발적으로 차의 붐이 일었다. 다른 농사보다 차 농사가 큰돈이 되니 논과 밭을 다 갈아엎고 그곳에 차씨를 파종했다. 그때부터는 온 가족이 찻잎을 따서 부를 축적하는 수준에 이르렀다. 돈 팔아 남은 후물 찻잎은 집에서 차를 가공하여 판매하기도 했다. 그러니 일손이 달리게 되고 남자들도 애기들도 따야 했다.

시골 학교는 보통 농번기 때 방학이 있다. 모내기, 보리 벨 때, 벼 벨 때 어린 동생들이라도 봐주라고 일주일 정도 방학을 한다. 그런데 화개의 학교는 차 딸 때 방학을 한다. 그러면 엄마들은 더 미치고 팔짝 뛴다는 표현이 맞을 것 같다. 왜냐하면, 쉬운 표현으로 바빠 죽겠는데 애들이 오히려 집에 있으니까 아이들 밥 챙겨 먹이고 하는 것이 곤혹스러울 정도였다. 비 한 번 오고 나면 찻잎의 가격은 뚝뚝 내려가니 금(시세)이 있을 때 1초라도 아껴서 찻잎을 따야 하는 심정은 다농이 아니면 알기 힘들다.

  학교가 부모 노릇을 해 줘야 하는 시기에 학교 문을 닫으니 난감한 정도가 아니었다. 그래도 고학년 아이들은 몸을 비틀면서도 찻잎 따는 일을 도와주기도 했다. 엄마들은 아침 다섯 시경 일어나 밥하고 빨래 널고 점심 챙겨서 6시면 차 따러 가야 하는데 아이들은 자고 있으니 마음도 불편했다. 엄마가 먹을 것을 챙겨 놓으면 애들이 밥 먹고 알아서 놀았다.

  차 따기 방학이 끝나도 알아서 일어나고 세수하고 밥 먹고 학교에 가야 하는데 그대로 쭉 자는 아이들도 있어 선생님은 전화하고 아이들을 시켜서 집으로 찾으러 가고 했다.

  차 철이 되면 아이들에겐 정신적 자유가 주어졌다. 일탈해도 부모의 시선을 피할 수 있었다. 인정사정없는 부모들도 있었다. 새벽밥을 먹여서 아예 학교로 내쫓았다. 운동장에서 노는 게 더 재밌으니까 아이들도 학교에 가서 대문을 두드렸다. 경비 아저씨가 학교 안의 사택에서 사니 아저씨 잠을 깨워서 운동장에서 놀았다. 아침 7시 안 돼서부터 운동장은 북새통이었다. 지금 생각해도 경비 아저씨께 참 미안한 마음이 든다.

2010년, 2011년 봄은 겨울의 큰 추위로 차농들과 제다인들에게 큰 시련과 차 흉년을 가져다주었다

냉해를 입은 차나무들이 봄이 왔어도 새순을 틔우지 못하고 있는 2011년 4월의 화개골 차밭 모습

잭살 놉 품삯

차를 딸 때 주로 놉들에게 인건비를 현금으로 제공했지만 가끔은 품앗이도 있었다. 지금은 화개가 관광명소라 할 만한데 예전에는 화전민 수준이었다. 먹고살기 힘들었다. 1980년대 이전에는 악양면이 먹고살기에는 좋았다. 논밭이 넓어서 끼니는 때웠지만, 현금은 말랐다. 농사만 가지고는 자식들 공부시키기 힘든 시기였다. 당시에는 대봉감도 알려지지 않았다. 도시로 고등학교 대학교를 보내기 위해서는 현금이 필요했다. 카드가 있었던 시기도 아니었으니 얼마나 힘들었을까….

그런 와중에 반전이 생겼다. 화개의 차가 1985년을 지나면서 엄청 유명해지고 일손이 부족하여 놉들이 필요했다. 화개보다 인구가 많은 옆 동네 악양 분들이 버스를 타고 또는 화개 대농들이 버스나 봉고를 대절해서 사람들을 모시고 왔다.

차가 없는 소농들 집의 놉들은 버스 안이 콩나물시루처럼 빽빽하게 서서 이동했다. 나중에는 구례, 광양 사람들도 왔다. 현금 10원이 아쉬웠던 판에 깡깡 산촌에서 현금이 나오니 온 산천이 사람들로 북적거렸다. 그러다가 차가 쇠퇴기에 접어들고 차를 따는 사람들도 노령이 되고 돌아가시면서 놉도 부족해졌다.

아이러니하게도 악양의 대봉감과 밤, 매실이 엄청나게 인기가 많아졌다. 매실의 경우에는 동의보감을 쓴 허준 이야기가 연속극으로 나오면서부터 대폭발이 일어났다. 그래서 이제 정반대로 악양의 인력이 부족해서 녹차가 끝나면 매실 따러 화개 사람들이 전부 돈 벌러 가는 역전이 일어났다. 또 가을이면 대봉감을 따러 악양으로 이동을 했다. 역사는 반복된다고 하더니 노동의 역사도 돌고 돌았다.

지금은 사는 것이 평평하게 됐지만, 한때 악양 사시는 분들이 화개를 부러워했던 적이 있었다. 근데 차시장이 줄어들고 대용차들이 자리를 대신하고 꽃차도 차축에 끼어들면서 잎차 시장은 줄어들었다. 악양에 특산물이 늘어나면서 유명해지면서 다시 주목을 받았다. 차가 인기가 없어지면서 차츰 차밭도 줄어들고 있다. 단돈 10원이라도 벌어 보려고 악착같이 일하던 모습도 차츰 없어졌다.

중학교 다닐 때만 해도 일주일 차비가 700원이었다. 근데 하루에 몇천 원도 아니고 일 이만 원씩 벌었으니 봄내 일을 하면 제법 큰돈이었던 셈이다.

1970, 1980년대에 성장한 사람이면 자야, 뽀빠이라는 과자를 알 것이다. 한 봉지에 10원 20원을 했다. 그 당시 인건비는 만 원 정도였다. 1990년대는 이만 원에서 삼만 원 수준이었다. 2000년 들어와서야 사만 원이 넘었다. 2010년대에 한 오만 원 정도 하다가 지금은 거의 십만 원 정도로 높아졌다.

차 가격은 25년 전이나 지금이나 같은데 인건비는 엄청나게 오른 셈이다. 물론 지금 인플레이션 때문에 그 돈의 가치가 없는 건 맞다. 최저 임금 때문에라도 9만 원, 10만 원씩 받는 것이 정상이지만 인력이 없는 것도 한몫했다. 그나마 차 따러 오는 사람들이 노령이라 생산성과 효율이 매우 떨어지고 주인들은 푸념이 늘어나고 있다.

고차수의 찻잎으로 잭살을 빚기 위해 차를 따고 있다

1인당 찻잎의 양과 시세

우리 전통 홍차 잭살에 대한 기록이 2001년도 이전에는 없어서 2001년 기억을 토대로 적어 본다. 5월 첫 주 기준 놉 한 명이 세작 1창1기 한 2~4kg 정도 따내고 홍차용 찻잎은 큰 1창1기나 작은 1창2기를 평균 4~7kg 따내는 일이 가능하다.

찻잎을 따는 일은 개인마다 기량이 달라서 평균을 내기가 힘들다. 잘 따는 사람과 못 따는 사람이 차이가 배가 될 때도 있다. 5월 셋째 주 정도 되면 1창2기 잎이 제법 커져서 아주 프로급 수준이면 1인이 10kg 내외는 가능하다. kg당 찻잎 가격은 만 오천 원 전후. 5월 넷째 주에 접어들면 만 원 정도.

2001년 인건비는 이만 오천 원 수준. 농가마다 적정 규칙을 정해서 인건비 지급을 했기 때문에 큰 차이는 없었다. 당연히 차 가격도 저렴했다. 지금이야 100g 단위의 포장이 드물지만, 그 당시에는 잭살작목반 빼고 모두 100g 포장단위였다. 잭살작목반이 파격적으로 70g 단위로 포장을 단행하였고 포장부터 역사적인 일을 하였다.

화개골의 정금차밭. 이런 날 잭살 빚기에 참 좋은 날씨이다

잭살의 발효

찻잎이 산화되면서 화학반응을 일으키고 변화되는 것을 어쩌다가 발효라고 했는지 모르겠다. 우리나라의 발효는 청국장 발효처럼 곰팡이가 피어야 한다고 생각하는 사람이 많았다. 하필 찻잎이 산화 과정에서 방심하면 곰팡이가 하얗게 잘도 일었다.

주위들은 풍월이 많은 사람일수록 잭살의 발효가 제대로 되면 곰팡이가 생겨야 한다는 주장을 늘어놓는 달변가도 있었다. 정확하게 과학적인 표현을 한다면 산화가 맞겠지만 이제는 발효라는 표현으로 수많은 논문과 기록들이 수두룩해졌다. 발효라는 표현을 묵인하는 것은 딱히 다른 표현을 주장하는 학자나 제다인이 없어서 그럴 수도 있겠다.

산화는 찻잎의 수분이 부족한 상태에서 생채기가 많을수록 잘 일어난다. 그렇다고 찻잎이 부스러지도록 수분이 증발하면 안 된다. 찻잎에 수분이 60%일 때, 온도 45도일 때 산화는 가장 잘된다. 옛 선인들이 잭살을 만드는 방법이 결코 과학적이지는 못했어도 효과는 스마트한 과학이었다.

찻잎을 시들린 후 1차 비비기를 한 장면. 아직 산화가 덜되었다. 그러나 2차 3차 후 변화는 뚜렷해진다

잭살 시들리는 방법

홍차를 시들리는 방법은 여러 가지가 있다. 세계의 하고많은 발효차들 중에 홍차는 찻잎을 시들리는 방법에 따라 많은 것이 달라진다. 차 빛, 향, 맛, 성분 등 많은 종류가 다르다. 만족한 홍차를 만들려면 찻잎 시들리기가 60% 이상 차 맛을 좌우한다.

찻잎의 시들림은 홍차를 만드는 사람이라면 철학이라고 여겨야 할 만큼 중요한 과정이다. 찻잎의 엽록소 부분과 찻잎의 잎맥에 있는 수분 균형을 잘 맞춰 줬을 때 비벼야 비로소 좋은 홍차가 된다.

〈1〉 실내에서 시들리다가 햇빛에 시들린다. ⇒ 가장 어려운 방법이다. 숙성되지 않아도 과일 향이 난다. 탕빛은 중간이다. 식전에 마시기 좋다.

〈2〉 햇빛에서 시들리다가 실내에서 시들린다. ⇒ 가장 쉬운 방법이다. 숙성되면 과일 향이 난다. 탕빛은 어둡다가 세 번째 우림부터 밝아진다. 오후 시간에 마시면 좋다.

〈3〉 그늘에서만 시들린다. ⇒ 양이 많을 때나 기계화된 방법에 적합하다. ⇒ 탕빛이 가장 밝다. 레드티의 전형적인 탕빛이다. 맛은 매우 부드럽다. 풋맛이 나기 쉽다.

카페인이 가장 많다. 오전 10시경 마시기 적합하다.

〈4〉 햇빛에서만 시들린다. ⇒ 실패율이 가장 높으나 영양 면에서는 가장 우수하다. 탕빛은 어둡다. 떫은맛이 강하다. 카페인이 약하다. 밤에 마시면 좋다.

잭살 빚는 때

잭살은 겨울이나 봄보다는 초여름이나 초가을에 빚었다. 그 예로 하지차라고 불리는 차와 백로차라고 불리는 차가 있었는데 그 형태는 홍차였다. 만드는 방식은 같았다. 다만 가을 백로차는 탕빛이 진하지 않고 맑았다. 대충 비벼서 만들어도 풋맛이 거의 없다. 타닌 많은 과일이나 약초는 가을에 제맛을 보여 준다. 감잎, 뽕잎, 연잎이 그렇다. 그래서 봄차는 녹차, 청차, 황차에 적합하다. 보통 추차는 가을 秋라고 여기기도 하는데 거칠 추(麤)라고 하는 학자들도 있다. 개인적으로도 거칠 추 쪽으로 한 표 던진다.

4월 곡우 무렵부터 5월 상순까지의 어리고 부드러운 잎은 덖음차로 만들었고 잭살용 홍차는 거친 잎으로 만들었다.

* 단오나 하지 무렵의 찻잎을 최고로 쳤는데 단오가 음력 5월 5일이니 하지와 거의 겹쳐진다. 반소매를 입기 시작했을 무렵이 좋다고 했다.

옛 어른들은 주변 꽃의 변화를 보고 잭살 비빌 찻잎을 딸 때를 가늠했다. 찔래꽃

단오가 다가오면 여름에 입을 모시, 삼베옷을 꺼내 풀칠을 하고 다림질하여 준비해 두었다. 옷 늦봄이나 초여름의 햇빛을 충분히 받은 찻잎은 타닌 성분이 많아 산화가 잘되었다. 발효라는 말은 산화의 비과학적 표현이지만 나쁘지 않다고 본다.

* 잭살의 두 번째 적기는 '홀딱벗고새'가 앞산 뒷산에서 울 때가 적기이다. 원래 이름은 '검은등뻐꾸기'인데 우는 소리가 '홀.딱.벗.고'라는 말로 들리고 나름 음역대가 있어 리듬도 탄다. 홀. 딱. 벗. 고. 홀. 딱. 벗. 고. 같이 합창하게 된다. 이때는 한 달 이상 찻잎을 딴 분들도 많이 지쳐 있고 더위가 몰려온다. 홀딱벗고새가 울 즈음이면 많은 꽃이 피기 시작한다.

* 낮 기온 25도가 넘어가고 찔레꽃, 오동꽃이 지고 창포꽃, 지칭개, 엉겅퀴가 피기

시작한다. 언덕이나 우물가 토종앵두가 한두 알 익어 가면 어른들은 "생차 비빌 때가 됐구나!"라며 혼잣말했다. 온천지가 풀 향기 꽃향기로 천지에 넘칠 때 찻잎에 많은 영양소가 집결되는 시기다.

　이즈음이면 낮 기온이 높아 온종일 땡볕에 서 있기가 매우 힘들다. 주인들은 얼음물이나 아이스크림을 차밭에 가져다 나르느라 분주해진다. 힘들어도 이 산 저 산에서 고음의 노래를 부르는 홀딱벗고새 덕에 피곤도 잊게 된다. 이때 어린잎을 따서 만들면 매우 부드럽다. 이 차는 팔팔 끓이지 않고 지금처럼 차, 그릇에 뜨거운 물을 부어 열탕으로 우려먹기에 적당하다. 부드러운 것이 특징이며 풋맛은 가을 즈음에 과일 향으로 변한다.

오동꽃이 만발해서 향이 마을에 번질 때도
잭살용 찻잎을 딸 때이다

엉겅퀴나 지칭개가 이르게 피어도
잭살을 빚었다

물앵두가 완전히 익으면 잭살을 빚었다

잭살 시들리기

찻잎 시들리기는 홍차의 모든 것이라고 해도 과언이 아니라서 자세히 설명해 두려고 한다. 홍차의 1차 발효는 시들림이다. 시들림 자체를 발효로 친다. 왜냐하면 시들림에서 색이 변하고 향도 발생하기 때문이다.

한 줌씩 만들었던 집안의 약차 개념일 때는 마루나 평상에 얇게 펴서 꾸들꾸들해지면 비볐다. 흐린 날이나 양이 너무 적거나 하면 군불을 때서 아랫목에 시들리기도 했다. 햇볕에 한두 시간 시들인 차가 가장 좋은 차가 되지만 뜻대로 잘되지 않는다.

햇빛에 시들라면 일단 비타민D도 풍부해지고 많은 요소가 풍성해진다. 카페인은 적고 떫은맛은 더해지면서 차빛은 진하다. 그늘에서 말리면 맛이 감미롭고 차빛도 얇다.

시들림이 잘될수록 향미가 좋고 차빛이 좋은 차가 된다. 시들림의 상태를 보면 그날의 차가 맛 좋은 차가 될지 그저 그런 차가 될지 가늠이 된다. 발효가 잘된 차는 비벼서 띄워 보면 산화가 될 때 뭉쳐 둔 차가 자가 발열을 하면서 거짓말처럼 뜨끈뜨끈해진다.

잭살용 찻잎은 골고루 시들리는 것이 매우 중요하다,
내가 만드는 잭살은 햇볕에 꼭 한 시간 이상 시들림을 한다

찻잎은 산화가 되면 열이 나는데 인위적인 열을 가하지 않아도 찻잎이 갈변되고 향이 깊어진다. 이때 향이 나기 시작하는데 서서히 고구마 삶는 향이 나고 한두 번 더 비비고 띄우면 고구마 조청 향이 난다. 이런 차는 건조되었을 때 산뜻하고 깔끔한 맛이 난다. 햇차라도 풋맛도 덜하다. 차빛도 붉은빛이 감돈다.

반대로 시들리기가 잘 안된 차는 산화작용이 잘 일어나지 않는다. 당연히 자가 발열도 매우 더디고 산화가 잘 일어나지 않는다. 깊은 맛이 없고 차빛이 어둡다.

잭살은
〈1〉 한 번 시들리고
〈2〉 두 번 비비고

〈3〉 세 번 띄운다.

는 것이 열탕 잭살의 기본 제다 방법이다.

초벌 비빌 때 가장 좋은 시점을 요약하면 다음과 같다.

시들림을 할 때 육안으로 보면 어른들은 절반 정도 시들려졌을 때의 이 상태를 삐들삐들, 빼들빼들이라고 했다.

* 찻잎의 끝 가장자리가 한 3분의 1 이상이 갈색으로 변했을 때고
* 줄기가 거의 밝은 갈색으로 변했을 때다.
* 향으로 판단할 수도 있는데 멀리 있어도 짙은 쑥 향이 나기도 한다.
* 손으로 공처럼 뭉쳐서 50cm 위에서 툭 떨어뜨려 봤을 때 풀어지지 않고 계속 공처럼 뭉쳐서 있으면 초벌 비비기에 가장 적당하다.
   반대로 덜 시들려지면
* 발효 도중 자기 발열도 일어나지 않고 풋맛이 강하고 혀가 아리다.
   또는
* 많이 시들려지면 찻잎이 부서지고 산화와 띄움이 안 되며 낙엽 맛이 난다.

* 잘 시들리는 방법은 가능한 한 얇게 펴서 널어 둔다.
* 가능한 손을 대지 말고 바람이 통할 수 있는 곳이면 좋다.
* 찻잎이 축 늘어져 센 바람이 불어도 찻잎이 날아가지 않으면 잘 시들려진 것이다.

시들리기 할 때 중요한 한 가지가 있다. 골고루 잘 시들려지는 것이 관건인데 찻

잎을 많이 시들리다 보면 습관처럼 찻잎을 만지게 된다. 손으로 만진 찻잎은 먼저 산화가 일어나면서 빠른 건조가 돼 버려서 다른 찻잎들이 시들려지면 손으로 만진 찻잎은 으스러지면서 가루가 된다. 결국은 골고루 시들려지지 않게 되고 초벌 비비는 시점을 고민하게 한다.

양이 어정쩡하여 약간 두텁게 널게 되었을 때는 갈퀴 같은 걸로 아주 살살 뒤집어 주는 것이 좋다. 홍차에 관해서 연구하는 사람들이 발표하는 것을 보면 홍차는 실내 건조를 하는 것이 향과 맛이 좋다고 하는데 일장일단이 있다. 맛과 향은 좋을지 모르나 영양 면에서는 햇빛 건조가 더 낫지 않나 싶다. 여러 면에서 둘 다를 겸한다면, 금상첨화겠지만 대량으로 하게 되면 실내 건조가 좋을 것 같다.

＊시들림이 안 된 찻잎이나 늙은 찻잎은 아무리 잘 띄워서 잭살이 완성되어도 초록빛으로 남는다. 그렇기에 골고루 비벼주는 것이 관건이다. 세심한 시들림이 필요하다.

잘 시들려져서 찻잎이 축 늘어져 있다. 이때 1차 비비기에 적합하다

날씨가 궂은날을 가끔 건조기에 넣어서 시들릴 수도 있다

잭살 비비기

찻잎을 비비는 행위는 골고루 숨을 죽이고 차의 성분들이 화학 변화를 일으키게 하면서 이롭게 작용을 하는 것이다. 단순하게 비비거나 숨만 죽이는 것은 아니다. 수제 차의 비비기는 사람의 36.5도 체온에 의한 기운이 차에 스며듦으로써 차 맛도 달라지고 차 성분도 달라지고 차가 오랫동안 유지될 수 있는 비결이 되게 한다.

그래서 두 손으로 차를 비빌 때는 좋은 맘 경건한 마음으로 비벼야 한다고 친정어머니는 늘 강조하셨다. 비록 대농도 아니고 이름 있는 차인은 아니었지만, 차에 대한 정신만은 또렷하셨던 분이라 아직도 그 말들이 귀에 들리고 있다.

화개에는 내 친정어머니 같은 분들이 수두룩하다는 것도 중요하다. 시간이 흐를수록 한 분 한 분 돌아가시는 것이 애통하지만 살아 계시는 분들께 조금이라도 더 잘하고자 하는 마음이다. 수제 차는 기계 차와 맛도 다르고 기운도 다르다. 아무리 기계로 차를 잘 만들어도 수제 차와 다르다. 비비기를 하면서 간혹 손바닥에 뾰족한 가시 같은 것이 찔릴 때도 있지만 그것마저 희열로 다가오는 것이 수제차의 매력이다.

잘못된 차 비비기. 빨래 비비듯 왔다 갔다 하면 차가 부서지고 깨끗한 차가 되지 않는다

찻잎을 잘 비벼야 하는 이유는 잘 말려 주어야 하기 때문이다. 잘 비벼서 잘 말린다는 것은 건조를 뜻하는 것이 아니라 멍석이나 김밥 말듯이 도르르르 말리는 것을 의미한다. 그러면 왜 잘 비벼 말아야 할까?

〈1〉 찻잎이 찢어지거나 깨지지 않고 완벽하게 말려 있다. 차 찌꺼기가 안 생긴다.

〈2〉 차가 가진 독한 성질들을 완화해서 몸에 더 이롭게 한다.

〈3〉 잘 말려진 찻잎은 차 속의 쓰거나 떫은맛(카페인, 타닌)이 늦게 우러나온다.

〈4〉 차를 우렸을 때 여러 번 우려도 차 빛이 길게 서서히 같은 빛으로 우러나온다.

〈5〉 차 맛이 부드럽다.

〈6〉 차를 보관할 때 습기나 냄새를 쉽게 받아들이지 않는다.

〈7〉 차를 비비는 시간은 최소 3분 이상 비벼주는 것이 덕목이다.

손아귀 힘이 약하면 찻잎 비비는 시간을 더 늘려도 되고 힘이 센 사람은 더 짧게 해도 무방하다. 찻잎이 찢어지는지 확인하면서 할 필요가 있다. 찻잎이 찢어지면 광목천에 찻잎이 부서진 잔해가 남는다. 특히 홍차는 잘 비벼주고 열심히 비벼줄수록 산화가 잘 일어나고 띄웠을 때 발효도가 높아진다. 그것은 눈과 향으로 충분히 확인할 수 있다.

수제차를 할 때 비비는 동작이 현재는 통일되지 않고 여러 가지가 있다. 원래 토박이들은 소량을 만들어도 360도 돌돌 말아주는 형태만 알고 있었고 그 방법만 사용했다.

그러다 중국에서 차를 배워 온 사람들에게 역으로 우리나라 사람들이 차를 배우거나 TV를 보고 중국식 공 굴림 방식을 사용했다. 더 답답한 것은 이도 저도 아니면서 빨래 빨듯이 왔다 갔다 하는 형태이다.

1980년대만 하더라도 분명 우리 전통 방식만 있었다. 지금은 혼재되어 있는데 '전통 한국형'이 있고, '중국형'이 있고 '비비다가 마는 형'이 있다. 문제는 차 체험을 오는 사람들이 중국차 비비는 형태나 비비다가 마는 형태를 배우고 간다는 것이다.

그렇게 한두 번 하동에 와서 차 체험을 하고 가서는 몇 년 뒤에는 떳떳한 차 선생이 되어 있는 경우가 허다하다. 또 그 제자는 똑같은 방법으로 제자를 키운다.

360도 전통 비비기는 차의 잎이 살아 있고 차를 비비는 바닥도 어지럽지 않고 깨끗하다

잭살 비비기 유념 사항

잭살을 비빌 때 꼭 지켜야 할 유의사항이 있다. 손으로 비빌 때나 기계로 비빌 때나 조심해야 하는 것은

* 찻잎의 엽록소가 즙이 되어서 빠져나올 때까지 비비면 안 된다.

    오래 비비다 보면 차에서 노란빛에 가까운 연두색 엽록소 즙이 거품과 같이 나온다.

* 찻잎의 즙을 많이 빼면 차의 산화는 오히려 더디다. 엽록소가 산소와 수분이 제거되면서 산화가 되는 것이다.

* 엽록소 즙을 많이 빼면 잭살이 완전히 말랐을 때 많은 차 먼지가 남는다.

* 엽록소가 줄면 완성된 차의 성분도 줄어든다.

* 계속 비비다가 엽록소 즙이 나올락 말락 할 때 멈추면 된다.

* 완성된 차의 먼지를 제거할 때 꼭 마스크를 쓰는 것이 좋다.

* 완성된 차 포장을 하기 전 노랑 차 먼지는 모두 키질해서 날린다.

다른 나라의 차 비비기

　차 비비기에 관한 공부를 하다가 일본, 중국의 덖음차 만드는 과정을 알게 됐다. 놀랬던 것이 내 할머니와 부모님 외에는 배워 본 적 없는데 비비는 방법이 흡사했다. 중국 녹차가 용정차만 보면 불발효차라고 하기에는 석연치 않다. 어느 정도 가벼운 발효차라고 하는 것이 맞다.

　하지만 중국 안후이성의 오지에 사는 어느 소수민족(토가족)이 나와 같은 방법으로 차를 덖고 비비고 터는 것을 보고 너무 놀랐다. 90% 같은 방법이었다. 그렇다고 그들이 문명을 열고 사는 소수민족도 아니고 교통이 좋은 곳에 사는 것도 아니었다.

　중국의 코로나가 완전히 종료되면 다시 그 먼 오지로 8시간 택시를 타고 가 볼 계획이다. 안후이성 공항에서 8시간을! 그 소수민족을 차 만드는 것을 보면 요즘 어떤 자료에서 초기 신라의 수도가 한때 중국의 안후이성이었다는 역사적인 근거를 제시하고 대중들에게 호응을 얻고 있는데 만약, 그렇게 본다면 모든 것이 맞아진다.

　잎차가 당나라, 신라 시대도 있었다는 것을! 나는 끊임없이 우리나라 잎차의 시작과 덖음차의 시작을 밝혀내려고 한다.

1940년대 중국 항주의 초창기 비비는 기계

일본이나 중국이나 아직도 수제차를 하는 외국의 소수 제다인은 360도 굴리는 방법을 하고 있었다. 일본도 비비는 전통을 고수하는 사람들은 보면 거의 흡사하다. 특히 미야자키의 수제차를 하는 몇 분은 국보급 대접을 받고 있었다. 우리나라에서 차가 보급되었다는 증거일 수도 있다.

일본 사람들은 자기네 차가 우리나라에 보급되었다고 하는데, 맞지 않는 것이 차의 전래가 우리나라였고 도자기의 전래도 우리의 나라였다. 독창적이지 못한 문화다.

음식이 유행되고 그 시대에 굳어지면 100년쯤 뒤에서나 음식에 맞는 그릇이 나온다고 한다. 우리나라 된장이나 고추장을 만들어 먹었으면 그릇은 훨씬 뒤에 용도에 맞는 그릇이 만들어져 나오는 것이다. 우리 차가 전래가 되었어도 그릇 만드는 기술이 없으니까 우리나라 도공들을 납치해 가고 중국 도공들도 수입하고 그릇도 많이 갈취해 가고 하지 않았나.

중국의 백차. 병차를 만들어서 보관한다. 2.7kg짜리 백차

항주 차 박물관에 있는 다양한 차들

항주 유기농 차밭

잭살 비빈 도구

잭살은 만드는 방법이 단순함의 극치다. 단, 양이 적을 때 이야기다. 양이 많아지면 조금씩 만드는 방식을 달리해야 한다. 소량은 대광주리나 가마니 위에 천을 깔아서 비비기도 했다.

근대에 차를 만드는 양이 많아지면서 거친 멍석 위에 천을 깔고 비볐다. 천은 아사면 10수 정도면 제법 거칠어서 차를 비비기에 적당하고 좋다. 꼭 멍석이 아니더라도 약간 거친 광목도 좋다. 벼농사나 잡곡 농사를 지을 때는 곡식을 널 때 꼭 필요한 것이어서 집마다 멍석은 몇 개씩 갖추고 있었지만, 지금은 귀하다.

차를 비비는 멍석은 사각형도 있고 원형도 있고 큰 것 작은 것 다 있다. 멍석은 볏짚으로 새끼를 꼬아서 만들었다. 3월 말쯤이면 차농들은 몸과 마음이 분주해졌다. 지금이야 공정마다 기계가 잘되어 나오지만 불과 10년 전만 해도 반 수제 차였다. 기계를 사용하는 것은 비비는 기계 정도였다.

지금은 과학적으로 정형화된 기계들이 잘 나오고 있다. 차 만드는 고충을 생각하면 잘된 일이다. 그렇지만 기계로 아무리 잘 만들어도 옛 맛은 절대 나지 않는 것은 묘하고 묘하다. 아마도 겨울 날씨가 온난화되어 그럴 수도 있다.

옛 차 맛을 모르는 사람들은 그 묘미를 모른다. 하지만 최소 30년 이상 차를 만들었거나 먹었던 사람들에게는 향수의 맛이 얼마나 그리운지 모른다. 그래서 수제차를 고집하는지도 모르겠다.

논밭에 차나무가 심어지고부터는 곡식보다는 찻잎을 널기도 하고 차를 말리기도 했다. 이때 멍석 위에 바로 너는 것이 아니라 위에 깨끗한 천을 한 겹 펴서 널었다. 요즘은 그마저도 멍석을 잘 사용하지 않는다. 거의 기계화되다 보니 차 체험을 오는 사람들에게 보여 주기식으로 멍석을 사용하고 있다.

비록 체험이지만 수제차를 제대로 알면 차가 제대로 보이기 시작하고 차의 첫맛을 익히게 되는데 차의 첫맛이 얼마나 중요한지 시간이 지나면 알게 된다. 그러면서 능숙한 차인, 제다인이 되어 간다.

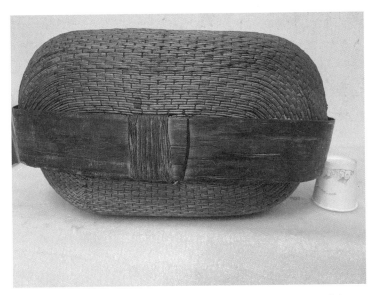

욕심내지 않고 1년 먹을 양을 비벼서 띄울 때 떡 광주리도 이용되었다

보리쌀 바구니도 찻잎이 매우 작을 때는 유용했다

찻잎 털기

수제차를 만들면서 중요하지 않은 것은 없다. 찻잎 털기가 얼마나 중요한지는 찻잎을 비비고 난 뒤에 찻잎의 수분이 나오면서 뭉친 것을 풀어주는 과정이다. 묵은 찻잎이나 불순물들이 날아가고 떨어지는 것을 목격하면 더 열심히 손을 움직이게 되어 있다. 먼지도 제법 떨어진다. 그래서 선풍기 앞에서 털면 자잘한 것들을 더 많이 떨어지게 할 수 있다.

손으로 차를 털어내는 공정은 필요하다고 해도 차가 순해지는 것도 느낄 수 있다. 비비고 털기의 반복을 서너 번은 해 주어야 사람들의 온기가 스며들고 화학 변화가 좋게 일어난다. 그 온기의 역할은 덖음차를 차 솥 안에서 저온으로 한 번 더 덖는 효과가 있고 홍차인 경우는 발효 효과가 난다.

차가 완성된 후에 많이 비비고 턴 차와 그렇지 못한 차의 차이는 확연히 다르다.

차를 털 때는

* 손가락을 갈퀴처럼 손을 오므려 준다.

* 엄지를 뺀 네 손가락이 3시를 향하게 손가락을 구부려 주는 느낌이다.

* 구부려진 왼손 오른손이 서로 마주 보게 손톱이 살짝살짝 부딪힐 정도로 마주
  보게 한다.

* 톱니바퀴가 돌아가듯이 손톱을 부딪쳐 준다.

* 찻잎을 비비다가 두 손바닥 양옆으로 차가 쭉쭉 손아귀를 벗어나면 그때 털어주
  면 된다.

* 양손은 톱니바퀴가 되어 돌아가고 찻잎은 손톱과 손톱에 부딪히며 뭉친 것이 풀
  어진다.

* 팔의 높이는 차 비비는 테이블에서 30~50cm가 적당하다.

* 비비는 사람의 키 높이에 따라서 편한 대로 하면 된다.

* 보통 자신의 목 있는 부위까지 손목을 올려 손가락을 부딪치면 적당히 먼지도
  잘 털어지고 차의 수분도 잘 마른다.

* 잭살은 찻잎의 산화와 동시에 수분이 제거되어야 좋은 차가 된다.

뭉친 차를 털어주기 위해 터는 과정도 매우 중요
하다. 양손을 톱니바퀴처럼 만드는데 손톱과 손
톱이 닿을락 말락 오므린다

차를 털기 위해서 손을 오므린 바깥모습

3차 차를 비빈 후 차가 잘 띄워져서
손끝에 찻물이 들었다

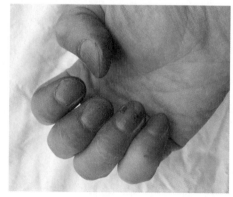

잭살이 완성되었을 때는 손끝에 잭살물이
봉숭아물처럼 진하게 들었다

잭살 띄우기

겨울에도 초여름에 만든 잭살 띄우는 향이 코끝에서 솔솔 난다. 잭살 띄우는 향은 그만큼 친근하고 그리운 향이다. 엄마는 자다가도 반쯤 눈을 감고 대바구니를 끌고 와서 찻잎을 슬러덩슬러덩 비빈 후 또 덮어 놓고 잤다. 선잠을 자면서 조청 향이 나면 또 비벼 놓고 잠들었다.

잭살을 비빌 때는

* 대광주리나 보리밥 바구니, 떡 바구니, 실파바구니 등 대나무 바구니는 총동원 되었다.
* 그리고 콩 자루나 광목 같은 천을 덮었다.
* 그마저 없을 때는 속치마 같은 낡은 옷도 덮었다.
* 양이 많을 때는 찻잎을 꾹꾹 다독거려서 위에 천만 덮었지만
* 양이 적을 때는 콩 자루나 천으로 몇 번 차를 돌돌 말아서 띄우되 수분이 마르는

것을 방지했다.

* 수분이 많이 말라서 산화가 덜된 것은 아침 이슬을 맞혀서 수분 균형을 맞춰 줬고
* 이슬이 내리지 않는 날은, 덮었던 광목에 물을 적셔서 덮어 두었다가 한 번 더 비 벼주곤 했다.

비빌 때마다 나는 향은 엄마의 품 같은 향이라 유달리 잠이 쏟아졌다.

엄마는 초벌 비비기 할 때까지는 잠이 여유가 있다. 이 일 하다가 저 일 하다 보면 두어 시간은 훌쩍 간다. 숯다리미로 빨래도 다리고 다듬이질도 하고 바느질도 했다. 양말 떨어진 것도 깊고 저고리 동전 같은 거도 달았다. 식구가 많으니까. 매일 다림질하고 양말을 꿰맸다.

그러다 보면 첫 비빔 하는 걸 놓칠 때도 있다. 엄마가 꾸벅꾸벅 졸면서도 찻잎을 비빌 때면 선잠에서 깬 우리도 마음이 그랬다. 자꾸 말을 하다 보니 비빈다는 말이 찰지다. 어느 날부터 유념이라고들 하는데 유념이라는 말은 늘 낯설다.

잭살을 띄울 때는 가능하면 차를 다독여서 공기가
쉽게 들어가지 않아야 산화가 잘된다

잭살 띄우는 시간

잭살은 여러 번 비비고 여러 번 띄우는 것이 정석이다. 굳이 한 번만 비비고 띄운다 해서 홍차가 아닌 것은 아니다. 찻잎을 시들려서 한 번만 비비고 한 번만 띄워도 홍차다. 잭살차가 적당히 띄워지는 기본 온도가 있다.

* 차가 상처를 입고 발열을 하는데 따뜻하게 해 주면 더 발효가 잘 일어난다.
* 인위적으로 간접적인 열을 가해도 된다.
* 우리 옛 어른들이 뜨끈한 아랫목에 띄운 것도 일종의 인위적인 발열이다.
* 발열이 시작됐을 때 바로 비비면 차는 자가 발열을 멈추어 버릴 때가 있다. 자가 발열이 시작되면 최소 한 시간은 있다가 비벼주는 것이 좋다.
* 비벼서 털어주고 덮어 놨다가 또 비벼주고 3회 정도 반복해 주면 좋다.
* 시간을 잰다는 것은 수제 잭살을 할 때는 무의미하다.
* 찻잎 딴 날의 습도 온도 바람 기온에 따라서 항상 다르기 때문이다.
* 덮어놨다가 열이 나면서 따끈따끈해지면서 색이 진한 어두운 밤색 정도로 변하

면 발효가 다 되었다고 보면 된다.

과학적으로는 60%의 수분과 40도 온도에서 정도에서 발효가 잘 일어난다. 기계적으로 할 때는 시스템을 맞춰두면 편하게 할 수 있고 요즘은 웬만한 제다원에서는 이 기계를 다 갖추고 있다. 가난하다 보니 이런 기계가 없어 슬프고 힘도 든다.

* 시들림 자체가 1차 발효기 때문에 한 번만 발효를 시켜서 풋 맛을 즐기고 싶다면 한 번만 비비고 띄우면 된다.
* 띄워둔 찻잎이 절반은 찻잎 색 그대로 절반은 밤색이 되면 청차 맛도 나고 홍차 맛도 나고 황차 맛도 나고 해서 나름대로 개성 있다.
* 덜 발효된 잭살은 일 년이나 이 년 지나면 아주 상큼하고 맛있는 차가 된다. 여기서 덜 발효된 차라고 했지 결코 상한 차라고 하지 않았음을 명시한다.
* 시들인 후 비비고 털어서 띄운 후 발효 정도는 제다인이 선택한다. 발효 정도를 원하는 시간대나 원하는 차 빛이 나왔을 때 말리면 된다.

진한 홍차를 만들고 싶다면 주의를 기울여서 시들인 찻잎 수분이 빨리 휘발하지 않도록 해 주는 것이 좋다. 그렇게 여러 번 비벼주고 띄워 주는 것을 반복하되 항상 수분을 잘 감추는 것이 좋다. 수분이 어느 정도 제거가 되면 찻잎이 많이 부서진다. 발효도 더는 진행이 안 된다.

우리 하동 차의 발효도는 50% 정도가 적당하다고 본다. 만약 더 발효하고 싶다면 인위적인 수분을 입힐 필요가 있다. 이슬을 맞힌다든지 젖은 수건으로 덮어 둔다.

전통방식으로 잭살을 비빌 때는 시간이 의미가 없다.
차의 자가 발열이 잘되느냐 안 되느냐에 따라서 제다인이 판단을 한다

잭살은 구들방의 손님

    우리나라 구들방은 용도가 다양했다. 아궁이에 장작으로 군불을 지피는 사람은 할아버지, 아버지, 큰아들 순이었다. 아랫목의 역할은 이불을 덮어 밥을 보온시키고 아픈 환자가 눕는 공간이었고 적은 양의 곡식을 말리는 공간이었다.

    중요한 것은 하동 사람들은 잭살차를 띄웠다. 아랫목은 수백 년간 우리 잭살을 있게 하는 데 가장 큰 역할을 한 셈이다. 아랫목은 아궁이가 가깝다 보니 뜨거워서 사람이 잘 안 잤다. 온도 변화가 심해서 감기에 걸리거나 목이 칼칼해지기 때문이다. 구들은 윗목까지 골고루 열을 전달해서 쾌적한 잠을 자게 했다. 아랫목의 대바구니에서 잠을 자는 잭살도 온몸이 뜨끈뜨끈하게 한 몸을 구들방에서 지지면서 발효가 잘되었다.

    아궁이에서는 하루 세 번 끼니마다 연기가 났다. 밥을 짓고 국을 끓이고 남은 숯불에 생선을 굽고 김을 구웠다. 장마철에 무덥고 습도가 높아지면 습도를 줄이기 위해 아궁이에 밥을 하지 않고 약간의 국만 끓였다. 황토방이라 한여름에도 눅눅하지 않게 하려고 군불을 지폈다. 방 안이 덥지 않고 건조한 느낌이 들게 적당한 군불을 지폈는데 잭살은 늘 그 자리에서 손님 행세를 했다. 아니 어른들이 손님 대접을 해 준 것이 맞을 것 같다.

9-22

잭살 말리기

다 띄워진 잭살은 몇 번이나 털어서 말렸다. 친정어머니 표현을 그대로 옮기자면 "차가 사람 손의 체온으로 반은 말랐다 싶을 만큼 털어라. 잘 털어서 빼달빼달하게 되거든 그때 구들장에서 말리기를 하면 된다."라고 하셨는데 지금 생각해도 참 맞는 말만 하셨다.

팔이 아플 때까지 잘 털어야 찻잎끼리 뭉치는 것이 없어진다. 제대로 안 털어주면 뭉친 찻잎은 잘 안 말라서 곰팡이가 필 수 있기 때문이다. 그 과정에서 키질하여 이물질이나 먼지 등을 날려 보냈다. 털기는 깨끗하게 손질하는 후속 과정이었다. 사포닌이 많은 식물은 온도 변화에 민감해서 곰팡이가 잘 슨다. 그래서 찻잎이나 차씨 껍질, 인삼 같은 식물의 온도 변화를 민감하게 지켜봐야 한다.

잭살을 말리는 공간은 깨끗한 곳이면 어디든 널어 말렸다. 날씨가 흐리면 아랫목에도 널고 툇마루에도 널어 말렸다. 날씨가 좋으면 평상에 멍석이나 광목천을 깔고 널었다. 큰 광주리에 얇게 펴서 장독대 위에도 말렸다. 특히 날이 좋은 날은 따끈한 바윗돌 위에서 가장 많이 말렸는데 찻잎이 발효가 진행되면서 마르는 일거양득의 효과를 봤다. 널따란 바위에 널 때는 천이나 망석을 가지 않고 바위에 바로 널었다. 장독과 평평한 바위는 빠르게 마르고 발효 효과도 주어서 선호를 했다.

흔히 바위 위에서 말렸다고 돌잭살이라고 하는데 엄연히 돌잭살은 산에서 자연적으로 난 작설 나무를 일컫는 말이다. 하동 사람들은 '작설' 발음이 안 되다 보니 혼돈이 올 수도 있는데 다시 한번 토박이들의 언어를 이해해야 할 때다.

잭살은 건조가 다 되었다고 해도 며칠 있다가 혹은 몇 달 있다가 한두 번 더 널어서 말려 주었다. 장마가 오기 전이나 습도가 높아지기 전에 한 번 더 햇볕을 쬐어 주었다. 가을에는 9월에 한 번 더 말려 주었다. 따로 열 마무리를 안 하다 보니 남아 있는 수분을 완전히 없애고자 했을 가능

잭살을 방바닥에 말려서 거두어들이는 모습

성과 장기 보관을 잘하기 위한 것이었지 싶다. 그렇게 한 번도 잔여 수분을 날리고 나면 차 맛은 완전히 바뀌어 과일 향이 톡톡 터졌다. 열탕을 해도 좋고 탕처럼 끓여 마셔도 좋았다.

잭살 응급처방

　기계적으로 잭살을 하지 않는다면 전통 방법으로밖에 할 수가 없는데 실패율이 높다는 점이다. 실패한 잭살은 대표적으로 쿰쿰한 냄새가 나는 것이다. 그리고 잭살은 일체 열 가공을 하지 않은 생차다 보니 부피가 크다. 그래서 포장이 잘 안 된다. 또 보관이 잘못되어 차에 나쁜 향이 스며들었을 때 응급처치가 가능하다. 이 방법은 좋은 차에는 사용하면 안 된다. 오히려 차를 망친다. 꼭 버리지도 못하고 먹지도 못할 애매한 경우에만 하기를 권한다.

* 완전히 건조된 버리지도 못하고 먹지도 못할 애매한 차를 준비한다.
* 솥에 물을 붓는다.
* 약한 불로 물을 끓인다.
* 물이 끓으면 바구니에 천을 깔고 나쁜 차를 담는다. 천으로 차를 덮는다.
* 차를 5분 정도만 증제해 준다.
* 불이 세어도 안 되고 5분 이상 증제해도 안 된다.

* 온도를 잴 수 있으면 증제하고 있는 차가 43도를 넘지 않게 해야 한다.

* 강한 불이나 긴 시간 증제를 하면 홍차의 기능은 끝난다.

* 바람 좋은 날, 습도가 낮은 날 꼭 햇빛에 건조한다.

* 나쁜 냄새가 나는 차라면 한두 달 지난 뒤에 햇빛에 한 번 더 말려 준다.

이 정도 해 주면 선물용이나 판매용 차는 못 되지만 가족끼리 먹는 잭살 탕을 만들어 먹기에는 나름 괜찮다.

잭살과 오감

생각해 보면 할머니나 어머니나 잭살차를 대충대충 만들었다. 마루에 시 들렸다가 비비고 바구니에 광목천 덮어서 두었다가 두어 번 더 비비고 또 덮어 두었다. 세상에 저리 쉬운 차를 못 할까 싶어서 어린 나이에 잭살을 상품화했었다. 하지만 고향에 돌아와서 친정어머니 도움 없이 혼자 하다 보니 어느 날은 하얀 곰팡이가 나고 어느 날은 쿰쿰한 냄새가 나고 어느 날은 쉰 냄새가 나고 어느 날은 찻잎이 미끈거렸다.

섬진강 모래의 규사로 만들어진 구한말의 다기

참 많이도 버렸다. 지금은 아무리 많은 양도 아무리 적은 양도 비를 맞은 찻잎도 맛을 논할 수는 없지만, 실패 확률은 0%다. 경험만이 최고의 선생님이다. 곰팡이가 피는 것은 너무 많이 발효를 시켜서 그렇고 쿰쿰한 냄새가 나는 것은 비 온 뒷날 딴 찻잎으로 해서 그렇고 쉰내가 나는 것은 저온에서 발효를 시켜서 그렇고 등등…. 어깨 너머로 볼 때는 식은 죽 먹기 같았는데 혼자 많은 양을 하다 보니 뜻대로 되지 않았다.

잭살 명상 중

어찌 보면 오감에 의지했던 어른들의 차 세계관은 능수능란했던 경험 덕분이라는 걸 늦게 깨달았다. 태연스러웠던 그분들은 바쁘게 오가면서, 혹은 자다가도 잭살을 비비는 날은 오감을 열고 있었던 것을 알게 되었다.

오감은

* 찻잎만 척 보면 좋은 차인지 나쁜 차인지 알고
* 손으로만 만져 봐도 발효 정도를 느끼고
* 띄우고 있는 차의 변화 정도만 봐도 아랫목 온도를 감지했다.
* 차의 가스 분출 정도로 미리 맛을 알고
* 마지막 냄새로 발효 진행과 멈춤을 조정할 줄 알았다.
* 차를 말리는 날은 지나가는 동네 분들이 멀리서도 향을 맡고 들어와서 "쌩차(잭살 이전에 사용했던 이름)가 잘됐구먼" 하면서 남의 차에도 관심을 보였다.

잭살 말리기

6대 다류를 백차, 녹차, 황차, 청차, 홍차, 흑차로 분류했을 때

* 백차와 녹차는 말리는 시간이 빠를수록 좋고

* 황차와 홍차는 늦을수록 차 맛이 부드러워지고 차빛이 선명해지는 데 도움을 준다.

* 하지만 조건은 산패가 되거나 부패가 되면 안 된다.

* 서서히 말리면서 후발효가 잘 일어나게 하는 것도 좋은 차 말리기의 조건이 된다.

* 잭살차는 빠르게 말려 버리면 발효가 많이 일어나지 않는다.

* 발효가 미미하다는 것은 맛과 향이 별로 안 살아나는 것도 문제지만 차빛이 제 빛을 제대로 갖추지 못한다.

기계 건조를 할 수도 있고 장소가 협소하다면 기계 건조가 마땅하기도 하지만 가능하면 자연 말리기도 좋다. 그러나 대부분 대량으로 업을 삼고 있다 보니까 건조기를 이용하는 형국이다. 건조기를 사용하더라도 조금 신경을 기울여서 고온에서 하

지 말고 중간 온도에서 하는 것이 좋다. 중간에 한두 번 더 털어서 널어 주면 실패율도 낮고 차 맛도 좋아질 수 있다. 그리하면 발효도 고르게 일어나고 숙성도 된다.

특히 홍차는 30~35도 이하에서 말리면 최상의 맛을 가질 수 있다. 바쁘다든지 차를 두껍게 널어서 온도를 50도 이상에서 말리면 차에서 매운맛과 매운 향이 난다. 특유의 단맛과 과일 향도 나기 힘들다. 몇 년 뒤 숙성도 덜된다.

고온에서의 건조는 결국 차가 익어 버리는 효과가 있어서 멀리서 고춧가루 향을 맡는 느낌이 난다. 두껍게 널어서 35도 이하로 말리면 차가 잘 마르지 않기 때문에 반드시 공기를 한 번 쐬어 주고 다시 털어 널어 주는 것이 적절하다.

잭살을 말릴 때는 방바닥이나 햇볕이나 그늘이나 모두 가능한데
어디에 어떻게 말리느냐에 따라 차 맛도 소심하게 달라진다

잭살 수분

차는 잔여 수분도 매우 중요하다. 발효차는 발효차답게, 비발효는 비발효차답게 수분을 조정하는 것이 좋다.

* 녹차, 황차는 잔여 수분 3% 이하가 적당하고

* 청차, 백차는 5% 이하의 수분이 좋고

* 홍차, 흑차는 8% 이하의 잔여 수분이 적당하다.

잭살을 포함한 홍차를 바짝 말리면 후발효가 일어나기 힘들고 여러 가지 좋은 향을 잃게 된다. 또한 청차에 가까워 깔끔한 맛은 있지만, 홍차의 기능은 줄어든다.

그럼 잭살이 다 말랐다는 것을 어떻게 알 수 있을까?

* 눈으로 보면 색이 찻잎 색이 까맣다.

* 손으로 만져서 많이 부스러지지 않고 약간만 부스러지면 된 것이다.

* 경험이 많아지면 수분을 녹차처럼 완전히 날려 버린 것과 수분을 남겨 두는 것
  의 차이를 알게 될 것이다.

아직도 가마솥이나 살청기에서 열 마무리를 하는 제다인은 눈여겨봐 줬으면 한
다. 비닐 등 적절한 용기에 담아서 단단히 묶은 후 후발효가 일어날 때까지 몇 개월
건냉암소에 두면 된다.

건조가 다 된 잭살 모습

잭살의 자연 발효

우리나라 사람들에게 보이차는 무엇일까? 보이차를 나쁘게 보는 것이 아니다. 보이차를 따라 하고 싶어서 안달일 때가 있었다. 거짓말 같지만, 여유가 있는 사람이나 없는 사람이나 차를 만지는 사람이면 단체로 윈난성으로 가기도 하고 중국에 가서 보이차를 사서 모으기도 했다.

우리나라에도 중국이나 대만에서 공부해 온 훌륭한 제다인들이 많음에도 굳이 돈다발을 싸 들고 다녀온 사람들이 많았다. 그것이 나쁘다는 것을 말하는 것이 아니다.

우리 잭살에 대해서 말을 하면 누가 그런 것을 먹느냐는 말이 먼저였던 사람들이었다. 우리 것을 믿지 못해서 발효의 정의를 확인하고 많이 알고 싶어서 다녀온 것이다. 차농들의 마음에 발효란 무엇인지 의문을 들게 하고 갈증의 불을 붙인 사람들은 보이차 판매상들이 아니다.

나름 행다를 한다는 사람들이 중국에 다녀와서 출처도 없는 보이차를 사 오고 보이차 제다공장 견학을 다녀와서 치맛바람을 앞세워서 중국차에 대해 아는 체를 다

하고 제다인들 앞에서 우리 차를 하대하니 농심도 불이 나게 생겼었다. 알아야 면장을 하니 차농들도 똑같이 보이차 공장을 견학하고 여러 가지 차를 가지고 왔다. 문제는 우리 잭살도 보이차처럼 곰팡이가 피어도 되고 차가 썩어도 된다는 인식이 있는 사람들이 많았다.

사실 보이차는 썩지도 않았고 곰팡이도 피지 않았는데 그런 인식은 왜 생겼는지 모르겠다. 그러면서 잭살을 잘못 만들어 놓고 자기만족을 했다. 곰팡이가 핀 차도, 썩어서 군 냄새가 나는 차도, 발효과정에서 찻잎이 물컹거리는 차도 모두 창고에 처박기 시작했다. 보이차처럼 10년, 20년 뒤에 후 숙성하면 차 맛이 좋아지고 부드러워진다는 거짓 정보가 돌기 시작했다.

잭살이 완성된 후 맛이 좋은 것은 판매하고 실패한 차는 후 숙성시킨다며 저장을 했다. 얼마나 한심했는지 모른다. 언제부턴가 잭살이 아닌 우리 덖음차를 보이차처럼 만들어서 오래 둘수록 좋다며 판매하는 제다업체가 있다. 소비자는 차에 대해서 모르니 좋다고 수백만 원에 사들이는 것을 보면 혀가 차다.

이미 우리 차에 보이차가 스며들었다. 마치 우리 전통차인 것처럼 말하는 것은 옳지 않다고 본다. 누가 봐도 보이 생차다. 그러지 말자. 차라리 우리나라형 보이차라고 하면 별문제는 없지만, 우리 덖음차의 보관 형태라고 한다면 덖음차의 제다형식을 갖추길 바란다. 우리 차의 한 형태인 줄 알고 사들이는 소비자도 알권리가 있다고 생각한다. 찻잎을 많이 소비하는 것 외에는 아무런 도움이 안 되는 일이다. 물론 그런 제다원은 나름대로 할 말은 많았지만 수긍하기란 상당히 어렵다.

잭살은 자연 발효에 가깝다. 기계에서 계속 돌려주던지 인공적으로 열이나 수분을 가하지 않는다. 가끔 때를 놓쳤을 때 이슬을 맞히거나 천에 적당히 수분을 묻혀두는 정도이다. 대량 발효를 하더라도 굳이 과하게 인위적인 상황을 만들지 않아도 발효는 잘된다. 우리 잭살은 자가 발열을 하는 순간부터 제다인이 원하는 딱 거기까지 발효를 멈추고 말리기에 들어가면 된다.

잭살의 유통기한

개인적으로 2002년부터 2005년까지 3년 가까이 군청 문턱이 닳도록 다녔다. 서류는 태산만큼 쌓이고 식약처(당시에는 다른 이름이었음) 법령 담당자와 수없이 통화하면서 서류를 만들고 군청으로 찾아가면 서류는 보지도 않고 하동에서 만드는 차는 유통기한이 "무조건 2년입니다. 법이 그렇습니다."라고 앵무새처럼 반복했다.

우리 전통 잭살은 익히는 차가 아니라 보관만 잘하면 유통기한 5년이 가능하다고 해도 소귀에 경 읽기였다. 솥에서 익힌 덖음차는 유통기한을 2년 해도 무방하지만, 잭살은 홍차라 유통기한을 늘려도 된다고 해도 서류도 안 쳐다보고 한숨을 내게 전달했다.

군청의 차계(茶係) 담당자들에게 미움도 많이 받았다. 천대를 받은 것이 맞을 것이다. 보건소 담당자도 마찬가지였다. 군청에 다녀와서 서글픔과 화를 가라앉히고 익숙한 목소리의 식약처 법령 담당자에게 전화해서 하소연하면 '지자체장이 승인만 하면 식약처에서 유통기한을 인정해 줄 수 있다'라며 설득을 해 보라고 했다.

하지만 군청 담당자의 문턱을 넘는 것은 하늘의 별 따기였다. 군수의 직인을 받는 것은 불가능했다. 보이차의 유통기한을 비교해 가며 설득이 먹히려고 하면 담당자가 바뀌고 또 서류를 보완해서 담당자가 넘어왔다 싶으면 다른 부서로 가고 없고. 결국 포기했다.

2016년 어느 날 지역 신문을 읽으니 하동녹차연구소 전·이종국 소장님의 인터뷰가 실렸다. "하동 홍차 잭살은 유통기한이 없다."라는 기사였다. 그동안 되는 걸 왜 안 했을까? 내 피땀은 천덕꾸러기 취급을 당했는데 되는 일을 왜 묻었을까?

* 2016년 하동 전통 홍차 잭살은 유통기한이 없어졌다.
* 단, 포장일은 기재해야 한다.
* 홍배, 살청기나 가마솥의 열 마무리는 유통기간을 표시해야 한다. (청차로 간주함)
* 포장일 표기와 유통기한 표기는 다르다.
  예시) 보이차도 같은 경우

그 외 청차, 황차, 백차, 녹차는 유통기한을 2년으로 표기해야 한다. 익혀진 차는 반드시 유통기한이 법적으로 정해져 있다.

홍차라고 하면서 청차 형태로 만들어진 차도 청차로 분류하기 때문에 유통기한 2년으로 표기해야 한다. 익히지 않은 생차 잭살은 후발효가 계속 일어나는데 처음에는 혀가 약간 아리고 풀 맛이 날 수 있는데 6개월 정도 지나면 달고 맑은 차가 된다. 그래서 유통기한이 의미가 없는 것이 홍차다.

지역의 특산물 담당자들은 농민들보다 열 배, 스무 배 공부해야 따라갈 수 있다. 농민들은 한 사람 한 사람이 머릿속에 든 것을 뱉어내면 행정에서는 다수들의 언어를 알아듣고 발 빠른 대처를 할 수 있는데 아무리 외쳐도 개선되지 않는 것은 지역 특산물의 발전을 막는 행위이다.

익히지 않고 홍배나 솥에서 숨아낸 차는 유통기간이 2년일 수밖에 없다. 열을 전혀 가하지 않는 하동형 홍차라면 차를 재어 두고 판매할 수 있으니 다행이다. 재고 걱정 없으니 농민 관점에서 보관만 잘하면 가격을 올려 받을 수도 있다.

내가 만든 잭살은 2001년부터 2022년까지 봉추푸드시스템 장준수 대표님이 가지고 있다. 일부러 빈티지 홍차를 하기 위해 투자를 했고 판매량보다 많이 만들어서 대량 보유를 하고 있다. 우리나라 잭살의 산 역사다. 그러니 장준수 대표님을 우리 잭살의 은인이라고 하지 않을 수가 없다.

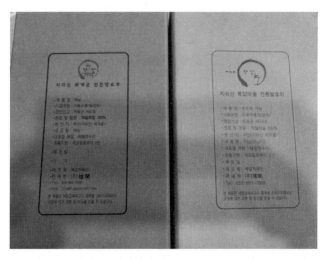

잭살 유통기한이 2년이었지만 지금은 제조기간만 표기하면 된다

10

토박이 차

유자잭살이란

    유자잭살이라는 이름은 내가 만든 약차 이름이다. 처음 잭살 홍차가 처음 나오고 그다음 해에 유자잭살이 나왔을 때 이상한 이름으로 놀림도 많이 받았다. 작살? 작샐? 잭설? 등등 생소하다 보니 몇 년이 지나도록 원하는 발음을 듣기 힘들었다. 동네 사람들이 누구나 약으로 먹던 차를 새롭게 디자인하면서 유자잭살이라고 고심 끝에 붙였다. 약차의 가장 큰 몫은 잭살과 토종 유자의 역할이었기 때문이다.

    유자잭살은 지리산 산골에서 나오는 여러 가지 열매의 종합세트이다. 우리 선대 어른들은 모든 재료를 채 썰어 말려서 보관했다가 끓일 때 조금씩 섞어서 한약처럼 뭉근히 끓여 마셨었다. 처음에는 할머니들이 했던 방법대로 모든 재료를 채 썰어서 건조 후 통에 넣어서 판매하고 보니 싸구려 약장사 느낌이 들어서 주눅이 들었다.

    그래서 고심 끝에 유자의 형태를 그대로 살려서 지금의 유자잭살을 만들게 되었다. 한때 광고에 좋은 걸 좋다고 말을 못 하겠다 하면서 고민하는 광고가 있었다. 딱 그랬다. 처음에는 100알, 1접으로 시작했지만, 지금은 최대한 만들 수 있을 만큼 만든다. 쏠쏠하게 인기가 많아졌다.

차를 하는 사람이 대용차를 한다는 것이 자존심 상해서 될 수 있으면 대용차를 하지 않는다. 배가 고파도 참을 만큼 참는다. 나는 차농이며 제다인이며 음차인이라는 타이틀이 가장 명예스럽다.

그런데도 대용차와 유사한 유자잭살을 하는 것은 내가 고향을 지키며 사는 이유이기도 하기 때문이다. 선대 어른들이 차를 이용하여 소소한 몸살 정도는 이겨 나갔다고 했고 우리도 그렇게 자랐다. '아이고 배야!' 소리만 나와도 돌배를 넣고 팍팍 끓인 잭살차가 뚝딱 나왔고 '머리 아프고 콧물이 나요' 하면 모과와 유자가 들어간 잭살차가 새콤한 향을 내며 머리맡에 김을 내고 있었다.

생유자의 속을 파서 잭살을 넣고 끓여 먹어도 맛있다

지금도 하동 사람들에게는 잭살과 함께 산에서 나오는 가을 열매들의 조합은 어지간한 건강음료보다 낫다고 생각한다. 그만큼 내 고향 하동 화개의 전통을 뼛속까지 사랑하는 자부심이 있다.

대용차를 하지 않아도 차나무에서 파생되는 차꽃, 차씨, 찻잎으로 연구 결과도 부지기수다. 수많은 특허를 내고 국가 R&D 논문과 국제 SCI 논문 등도 있지만 개발해 둔 제품도 아직 많다.

나이 탓인지 이제는 연구개발의 산물에 투자하기에는 기력도 없고 초기 투자가 두렵다. 보유한 특허가 많아서 관리비도 너무 많이 나간다. 그런데도 또 특허출원을 해 두었다. 아마 올해 안에 특허등록이 가능할 것 같다.

지금 후회하는 것 중 한 가지가 유자잭살을 특허등록을 앞두고 집안에 우환이 있어서 등록하지 못했다. 늘 아쉽다.

반쯤 마른 유자잭살

말리기가 끝난 유자잭살

유자잭살 만드는 과정

1. 5월 말부터 6월 초, 9월 초 백로에 잭살 홍차를 만들어 둔다.

2. 10월 서리를 두 번 이상 맞은 산돌배를 썰어서 말려 둔다.

3. 11월 초 모과를 썰어서 말려 둔다.

4. 소설이 지나면 노랗게 익은 토종 유자를 딴다.

5. 토종 유자의 1/3을 칼로 자르고 속을 파낸다.

6. 속이 빈 토종 유자에 잭살을 넣고 마른 모과와 마른 돌배를 넣고 속을 채운다.

7. 다 만들어진 유자잭살을 이틀 이상 햇빛에서 수분을 날린다.

8. 아랫목이나 건조기에서 일주일 이상 완전히 건조한다.

9. 건냉암소 한 장소에 보관한다. 냉동보관이 좋다.

토종유자를 가져온다

유자잭살에 들어갈 돌배, 모과, 하지잭살, 백로잭살을 준비해 놓았다

비워진 유자에 속 재료를 넣고 눌러준다

재료가 다 들어간 생유자잭살

유자가 다 마르면 삼분의 일로 크기가 줄어든다

완전히 마른 유자잭살. 제각각의 크기이다

유자잭살 한 알로 4인 가족 1주일 먹을 수 있다

20여 년간 함께 작업을 해 온 동네 주민들

유자잭살 만든 후 점심을 먹고 할머니들은 신발이 모두 같아 새신발이 서로 자기 것이라 우기는 모습

잭살과 장티푸스, 한청단

차 이야기가 나오면 어김없이 전설 속의 황제 신농씨가 주인공으로 등장한다. 알다시피 그는 농사의 황제였다. 산에 불을 질러 들짐승들을 쫓아내고 나무를 불태워서 사람들에게 농사를 짓게 한 반인반신이다.

사람이 먹을 수 있는 풀과 과일을 알아내기 위해 여러 종류의 식물을 먹어 봤으며 하루에 72번 식물에 중독되었다는 믿지 못할 이야기가 전해져 온다. 그때마다 하루에 72번 찻잎을 씹어 먹고 해독을 했다는 전설은 믿을까 말까 하지만 모두 믿는 쪽이다.

생찻잎을 씹어 먹은 것으로 보아 그때까지는 차의 가공법이 없었던 것 같다. 신농씨를 반인반신으로 보는 이유는 그가 생찻잎을 씹어 먹고 해독이 되었다는 설이다. 사람이었으면 생찻잎을 72개만 먹어도 속에 탈이 나도 단단히 났을 터인데 오히려 해독되었다고 하니 참으로 대단한 위 막을 가졌다. 그런데도 차나무의 역사가 5000년이 되었다는 것은 믿어야겠다.

차에 관한 다른 전설은 중국의 무제가 산책하러 갔다가 몹시 머리가 아프고 기력이 떨어져 잠시 쉬면서 시봉들이 물을 끓였는데 솥 안으로 작은 나뭇잎 하나가 떨어져서 그냥 이파리가 담긴 물을 마셨는데 금방 머리가 맑아지고 힘이 솟았다고 한다. 그 나뭇잎이 차 이파리였다. 그 나무를 귀히 여겨 왕이 신봉하였다고 한다.

신농씨 이야기보다 중국의 이름 모를 왕의 이야기가 더 신뢰가 가는 이유는 일상 속에서 경험이 바탕이 되었을 것이다. 여하튼 차는 몸을 살리는 좋은 물이다. 누구나 마시기에는 불충분한 면도 있긴 한데 자연이나 사람이나 완벽할 수는 없으니.

친정어머니께 들은 일화가 있다. 피아골 큰외삼촌은 일제강점기 때 징용을 갔다가 일본에 살다가 오셨는데 당시 일본이 한국보다 잘살아서 일본에서 살고 싶으셨단다.

그런데 장남이라 부모님과 동생들 걱정과 농사일 걱정에 한국으로 오셨는데 얼마 지나지 않아 여순반란사건이 일어났고 동네 사람들도 반으로 나뉘어 일부는 빨치산, 일부는 국군으로 입대를 했다. 빨치산이든 국군이든 동네 사정에 훤했던 사람들이라 낮에는 국군에 있는 지인들이 먹을 것을 얻으러 오고 밤에는 빨치산 소속 지인들이 와서 협박하고 돈과 먹고 입을 것을 뜯어 갔다. 와중에 빨치산에서 큰외삼촌을 데려오라는 지령이 떨어졌고 한 무리가 총을 들고 한밤중에 외삼촌 댁에 들이닥쳤다.

마침 빨치산 대장 뻘 되는 사람이 친척 되는 사람이었고 그분이 일부러 큰 소리로 "자네 아직도 이질이 안 나았는가? 얼른 잭살이나 진하게 달여 먹고 낫거든 보세" 이질이 전염성 병이라 큰외삼촌은 그렇게 빨치산 입대를 면했다는 일화다. 그 당시에도 서민들이 아프면 묻고 따지지 않고 잭살차를 달여 먹었던 것을 알 수 있다.

가을에 유자잭살 재료가 떨어지면 나무에서 따서
생모과나 돌배로 잭살과 함께 끓여 먹었다

모과 수확 중

이왕 말 나온 김에 한청단과 잭살 이야기를 해 보자. 어렸을 적에 할머니께서 한청단, 한청단 해서 그냥 한청단이라는 마을이 있나 보다 했었다. 그리고 죽창 이야기도 항상 같이 곁들였다.

성인이 되어서야 작은오빠를 통해서 한청단이 '한국청년단'의 준말인 것을 알았고 군대를 못 가는 소년들이 나라를 위해 자발적으로 조직한 단체라는 것을 알게 되었다. 소년들은 총이나 총알이 없으니 하동에 흔한 대나무로 창을 만들어서 훈련했다. 지금의 원부춘마을에 사시던 할머니는 청암 삼신봉이나 화개 불일폭포에서 능선을 타고 오거나 세석평전과 벽소령에서 신흥 지네봉을 넘어서 쌍계사에서 원부춘으로 넘어오는 자식 같은 청년들에게 잭살을 끓여 먹였다고 했다.

서리가 내린 가을 아침, 여름에 만들어 둔 잭살차는 있는데 말려 둔 모과와 돌배가 없어서 우물 옆에서 서리 맞은 나무에 매달려 있는 돌배, 모과를 생으로 따서 달여 먹였다고 했다.

그들은 산속에서 못 먹고 못 입어 앙상한 뼈만 있었다고 했다. 감자를 넣고 보리밥을 해서 무청으로 시래깃국을 끓여 먹이고 잭살을 원 없이 먹게 해서 원기 회복을 시켰다고 하셨다. 후에 그들은 원호대상자가 되었고 아직도 살아 있는 분이 계신다.

돌배가 나무에 열린 모습

유자잭살을 하기 위해서는 돌배가 맛이 들었는지
수시로 나무에서 따서 먹어 본다

야생돌배가 조락조락 풍년이 들었다

잭살떡차

친정어머니는 집안 대대로 내려오는 가족들에게만 먹이는 잭살차는 따로 만들었다. 물론 할머니에게 배운 것인데 곡물로 만드는 잭살떡차다. 잭살과 몇 가지 곡물을 섞어 만든 떡 차는 잘 내놓지 않았다. 생각해 보면 온 동네에 인심 좋기로 소문난 부모님이 왜 그랬을까 싶기도 한데 만드는 것이 귀찮아서 그랬던 것 같다. 지레짐작을 할 뿐이다.

우리 집은 아버지께서 17세 때 장애를 가지셔서 6.25 전쟁이 끝나자마자 할아버지께서 부산으로 이발 기술을 배우러 보내셨다. 당시에는 택시 기사와 이발사가 인기 좋고 전망이 있는 신식 직업이었다고 한다. 그래서 지금 내가 사는 용강마을에 이발관을 차렸고 돈 대신 곡식을 받았다. 이 발 삯을 적어 두었다가 1년에 두 번 삯을 받았는데 보리타작이 끝나면 보리쌀을 받고 벼 수확이 끝나면 쌀을 받았다.

1960년대 화개면 인구는 지금 인구보다 많았고 삼신마을 위부터 의신마을, 범왕

마을까지 모두 이 발 삯을 다 받고 나면 1년에 쌀보리만 40가마를 걷어 들였다. 공식적으로는 다른 곡물을 받지 않게 되어 있지만, 형편이 안되는 집도 있었다. 쌀보리를 못 주는 집은 콩, 고구마, 감자, 밤, 팥도 주었는데 주는 대로 받았다. 그러다 보니 우리 집은 먹을 것이 넘쳐났다.

거짓말 하나 안 하고 고구마는 어지간한 방만큼 많았고 보리밥은 별로 안 먹어 봤다. 콩죽, 팥죽 등도 심심하지 않게 먹을 수 있었다. 특히 어머니는 팥이 많이 들어가는 수수경단과 팥 앙꼬가 많이 들어가는 배피떡을 자주 해 주셨는데 너무 맛있어서 작은 키로 깨발을 해서 훔쳐 먹었던 기억이 난다. 먹어도 먹어도 물리지 않은 맛이다. 이제는 배피떡을 해 줄 어머니가 안 계신다.

쌀보리를 온 가족이 먹어도 1년 안에 몇십 가마를 다 먹을 수 없으니 먹을 양만 남기고 쌀보리를 팔아서 현금을 만들어 7남매 학비를 마련하셨다. 현금은 없었어도 배는 굶지 않으니 마음만은 부자였다. 아버지께서는 내가 고3이 되던 해에 쉰 살의 나이로 이발을 그만두셨다.

잭살 떡차의 종류는
* 보리떡차
* 찹쌀떡차
* 율무떡차
* 쌀떡차
* 밤떡차가 있다.

보리 수확이 끝나면 엄마는 보리를 확독에 갈아서 풀을 쑤었다. 그리고 마른 잭살과 섞어서 떡차를 만들었다. 떡차의 크기는 마음대로였고 바짝 말리기가 힘들었다. 가능하면 바람이 잘 통하게 대자리 위에서 말렸다.

가을에 이 발 삯으로 찹쌀이 들어오면 찹쌀을 갈아서 잭살떡차를 만들었는데 꼭 백로 무렵에 잭살을 만들어서 찹쌀풀과 섞어서 만들었다. 11월 벼 수확이 끝나고 탈곡한 쌀이 들어오면 쌀로 잭살떡차를 만들어서 말렸다. 개인적으로 율무떡차를 가장 선호한다.

내가 고향에 돌아와서 1997년 처음 만든 것이 찹쌀가루로 만든 잭살떡차였는데 덖음차의 인기에 아무도 관심을 두지 않아서 2년만 만들고 포기했다. 이후 목압마을에 정착하고 한 번도 만들지 않았다. 모험을 할 만큼 배부른 시절이 아니었기 때문이다. 물론 지금도 배가 고픈 신세지만!

잭살떡차 만드는 순서:

* 잭살차를 준비한다.

* 쌀, 보리, 찹쌀, 율무 중 선택해서 가루를 내어 풀을 되직하게 쑨다.

* 풀에 넣은 듯 만 듯 소금을 조금 넣는다.

* 풀이 완전히 식으면 잭살차와 섞는다.

* 풀을 많이 묻히면 안 된다. 잭살차가 뭉쳐질 정도만 묻힌다.

* 지름 8~10㎝ 크기로 펴서 둥글게 형태를 만든다.

* 5㎜ 정도 두께로 만든다. 두꺼우면 곰팡이가 필 수 있다.

* 바람이 통하는 대자리에 말린다.

＊다 마르면 대자리에서 떡차가 저절로 떨어지는데 그때 걷어 들인다.

＊잭살떡차를 잘 보관해 두었다가 굽는다.

＊마른 잭살떡차를 석쇠에 올린다.

＊잭살떡차가 올려진 석쇠를 숯불에서 20㎝ 정도 올려서 뭉근히 굽는다.

＊잭살떡차가 타지 않게 숯불 조절을 잘한다.

＊숯불 위에 있는 떡차가 열을 받으면 잔여 수분이 나와 눅눅해진다.

＊눅눅해진 떡차가 바삭해질 때까지 석쇠를 불 위에 들고 있어야 한다.

＊잭살떡차가 바삭해지면 완성된 것이다.

＊잘 구워진 잭살떡차를 넣고 보리차 끓이듯 끓여 먹으면 된다.

＊기력이 없을 때, 배가 고플 때, 병후 회복식으로 좋다. 미음 대용으로 괜찮다.

＊살짝 현미차 향이 느껴진다.

＊잭살 잎이 살아 있는 떡차를 맛볼 수 있다.

예전에 곡물 떡차를 만들 때는 다식판에 많이 했다. 여러 형태가 있었는데, 그 지역의 소목이 얼마나 잘하느냐에 따라서 다양한 형태의 떡차 판이 나왔다. 그래서 그걸로 다식도 만들었다. 요즘은 다식판이라고 말을 하는데 당시에는 그냥 떡판이라고 했다.

떡살은 따로 있다. 이 떡차를 가정에서 지금도 다시 해 먹었으면 좋겠다. 한 번이라도 먹어 보면 애용하는 차 음료가 될 것임을 확신한다. 떡차를 구울 때 한꺼번에 굽지 않고 한 번에 열 개 정도 구워 놨다가 필요할 때 구워 먹는다. 홍차와 곡물의 조합은 상상 이상이라는 것을 확인할 수 있다.

잭살을 준비한다

토종밤 가루로 풀을 쏜다

잭살차와 밤풀과 섞는다

둥근틀 형태에 넣고 만들 수도 있고 손으로 둥글게 만들 수도 있다

틀에서 만든 잭살떡차

다양한 형태의 잭살떡차가 다 말랐다

숯불에 떡차를 굽는다

석쇠에 떡차를 올려 숯불과 30~50cm 뛰워서 은근히 굽는다

완성된 잭살떡차는 냄비나 주전자에 팔팔 끓여 먹어도 되고 열탕으로 우려먹어도 된다

11

잭살의 성지

잭살과 신촌마을 한지 봉투

어릴 때 신촌마을은 집과 가깝기도 했고 친척이 살고 있어서 엄마 따라 자주 갔다. 그런데 어린 기억에 신촌은 용강마을과 기껏 1㎞ 남짓 되는데 집마다 처마 시렁에 한지로 만든 주머니가 걸려 있었다. 그 봉지들은 조부모의 한약방 처마와 닮았다고 생각했다. 그리고 쌍계초등학교에 입학했는데 옆에 짝지의 책 표지가 나랑 달랐다. 내 책 표지는 시멘트 속지의 갈색 종이인데 짝지는 하얗고 두꺼운 한지 책 표지였다.

왜 그렇게 부럽던지 짝지의 책 표지를 쓱 만지면 닥종이 껍질이 만져져서 촉감조차 좋았다. 다 커서 안 사실은 신촌마을은 가정마다 한지를 만드는 한지마을이었다. 예전에 만들어 두었던 한지를 오랫동안 다용도로 사용했던 것이었다. 그래서 집마다 잭살을 만들어 봉지를 아끼지 않고 걸어 두었다. 한지를 사서 만든 것이 아니라 직접 용도에 맞게 얇거나 두껍게 만들었다는 것도 알았다.

잭살차를 보관할 봉투와 본인들 집의 방문과 쪽문에 바를 한지는 두 배는 두껍게 만들어서 사용했다는 사실도 알았고 신촌마을 주변에 굵고 늙은 고차수가 가장 많은 이유도 이해하게 됐다. 신촌마을은 하동의 대표적인 고차수 마을이다.

신촌마을은 언제나 정겹다. 마을 뒤편에 고차수가 제일 많다

잘살았던 신촌마을의 농가가 지금은 비어 있다

스님들의 잭살차

예나 지금이나 절에서 스님들은 차를 많이 마셨다. 고려차가 성행했던 이유는 불교가 융성하고 사찰 소유의 차밭이 많아서일 것이다. 차를 만들어 먹는 방식은 변하지 않은 것 같은데 스님들이 만든 방식대로 서민들도 차를 만들어 먹지 않았나 싶다. 지금도 큰절에는 선방마다 지대방이 있고 차를 마시고 있는 것을 보면 차 마시는 일도 수행이었음을 알 수 있다.

제단 등에 차를 올릴 때 사용되던 푼주

고려 시대에는 임금이 직접 차를 갈아서 부처님께 공양했다고 하는데 차와 스님들의 위상은 대단했던 것 같다. 어쩌면 스님도 부처님과 같은 위치에 있었던 시대라 불교의 융성은 곧 차의 융성이었고 사찰을 통해서 지금껏 이어오지 않았을까?

조선 시대에는 초의선사가 칠불사에 기거하면서 우리 잭살차를 보고 통탄한 글을 남겼는데 햇빛에 말려서 나물국 끓이듯이 끓여 마셨다고 했다. 그리 안타까워서 할 일인가 싶다. 나하고 다르다고 핀잔을 한 것 보면 천재성을 가진 외골수들의 특징처럼 자기 고집이 있는 분이었던 같다.

세상에 정답이 어디 있던가? 나랑 다르면 호기심이 발동할 법도 한데 한탄하고 글로 남겼을까만 차를 너무나 사랑한 표현으로 보인다. 서로가 모르는 차들이었던 것인데 초의는 너무 흥분한 듯하다.

* 선사는 알고 있고 칠불사 수좌들은 모르는 떡차
* 선사는 모르고 칠불사 수좌들은 알고 있는 일쇄 홍차 잭살

초의선사가 비록 좋은 차를 함부로 만든다고 나무라듯이 했지만, 실상은 이후에 서로 많은 교류가 이루어졌을 것이다. 어린잎으로 만든 떡차는 일상을 누리는 차라면 큰 잎으로 만든 잭살의 묘한 매력은 몸이 아프거나 피곤하면 은근히 당기는 차이다.

한국 음식의 내력을 들여다보면 서민들이 먹는 음식들의 전래가 사찰이나 왕실인 경우가 있다. 불교가 융성했을 때 주변 마을 사람들은 불가에서 울력이나 부역을 하면서 땟거리를 해결했다.

초근목피만 먹던 서민들에게는 제법 고급스러워 보이는 음식을 먹고 집에 돌아와서는 절에서 먹었던 음식들을 흉내 내어 만들게 된 것이 서민 음식이 되곤 했다. 그 중에 장아찌 종류나 부각 종류가 사찰에서 유래한 것이다.

칠불사의 잭살차를 이해 못했던 초의선사 영정

그렇듯 차는 스님이나 왕실, 진골들의 전유물이었는데 왕실이나 양반가에서는 차를 만들지 않았으니 차밭의 소유자였던 절에서 차를 만들었을 가능성이 크고 그것이 마을로 퍼져서 유행했을 가능성이 크다고 생각한다. 사견이지만 잭살도 사찰에서 유래했을 가능성이 크다.

국보 47호 쌍계사 진감선사대공탑비에도 보면 차를 그냥 넣어서 끓였다고 적혀져 있다. 만약 떡차를 먹었더라면 좀 더 자세히 기록되었을 것이다.

잭살은 만드는 형태나 끓여 먹는 방법이 예나 지금이나 시들리고 비벼서 띄우고 말려서 팔팔 끓여 먹었던 단순한 차였다. 지금처럼 정교하게 여러 번 비비거나 띄우지 않았다. 시들려서 한두 번만 비비고 띄우기를 하고 건조했다. 왜냐하면 어차피 팔팔 끓여 마셨기 때문에 보관만 잘하면 되는 정도였다. 지금은 끓여서 먹기보다는 차, 주전자에 뜨거운 물을 부어서 열탕으로 마시다 보니 첫 탕이 약하게 우러나오니 될 수 있으면 산화를 많이 시키는 것이다. 여러 번 반복해서 비비고 띄울수록 풍미가 좋아지고 차 빛도 진하다.

쌍계사를 창건한 진감선사 부도비

화개 주민은 잭살 전수자

화개의 토박이들에게 잭살을 만들어 두는 것은 집에 간장, 고추장, 된장 만들듯이 당연하였다. 1년 먹을 약차 겸 음료로 필요한 식품이었다. 할머니가 차를 비벼 두었으니 시어머니가 하고 시어머니가 하니까 며느리도 따라 하고 시집간 딸도 친정 할머니 어머니처럼 차를 만들어 두고 먹었다. 딱히 어렵지 않고 지겨울 만큼 단순한 과정이라 그날그날 여름이 가기 전에 만들어서 1년 식량을 비축했다. 산화니 발효니 하는 말도 몰랐고 그냥 쓱쓱 비벼서 말린 양식이었다.

할머니를 따라 하고 엄마를 따라 하고 이웃 아주머니를 따라서 어깨너머로 익힌 것도 전수라면 전수 아닐까? 해마다 만들었으니 프로가 되었을 것이다. 서당 개 3년이면 풍월도 읊는다는데 하물며 사람이 만물의 영장이라는데 그걸 못 따라 할까?

우리나라가 일제강점기를 지나면서 차계가 가장 큰 피해를 본 것 같다. 당시에 노래하는 사람으로 윤심덕도 있었고 화가로는 이중섭도 있었고 소설가로는 김유정도 있었고 시인으로는 윤동주도 있었다. 나름대로 문화계에서 입신양명했지만 조선 시대 말에는 차에 관한 시구가 있는데 하동을 다녀간 일부 유생들의 글만 조금 있다.

금당 최규용 옹이 우리 차계의 거목이긴 하지만 일본과 중국의 사료가 대부분이다. 그래서 이 책은 순전히 내가 보고 귀로 들은 단순한 결과물이다. 조상 대대로 화개지역에서 수백 년을 살았고 한 집 건너 한 집이면 사돈 팔촌까지 얽혀 있으니 들은 말만으로 충분하다.

나의 잭살 만드는 방식은 할머니, 어머니, 이웃이 했던 그대로 보고 들은 것이다. 끓여 먹은 방법도 그대로다. 화개 사람들은 모두 잭살의 전수자다. 그래서 이 책은 내 손과 귀를 빌려 경험을 토대로 잭살 전수자들에게 들은 30여 년간의 총체적 기록물로 봐주기를 바란다.

화개차의 역사를 인터뷰하는 동네 할머니 조태현과 조윤석 대표

우리 차에 대해 심도 있는 이야기를 나누는 제다인들

잭살의 성지(聖地)
단천재

2001년. 목압마을 잭살작목반을 후원하기 위해 경남 하동군 화개면 목압길 18번지에 〈주식회사 단천〉이 창립되었다. 많은 제다원이 참여하기를 바랐지만 많지 않은 일곱 명이 모였다. 그것도 목압마을에 사는 사람들만 모였다. 전통 발효차 홍차를 공동브랜드로 만들고 상표를 붙이기 위해 목압마을 제다인만 일곱 명이 모인 것이다.

회원들은 차를 만들고 박희준 선생님은 판매와 홍보를 하기로 했다. 함께 만들고 공동브랜드 출시가 조건이었다. 우리가 만든 차는 주식회사 단천에서 수매해 주고 판매를 하겠다는 것이다. 더 놀라운 것은 차를 판매하고 남은 이익을 우리가 나눠 가지는 것이었다. 좋은 조건의 구미 당기는 일이었다.

* 박희준(주·단천)

* 정소암(주·단천) - 현 다오영농조합법인, 찻잎마술

* 김정옥(관아수제차)

* 이재익(영목다전)

* 백철호(유로제다)

* 김원영(다인산방. 현 도재명차)

* 김종환(개인제다)

이렇게 튼튼한 팀이 만들어졌다.

2000년대 초반의 단천재 앞에서 잭살 체험을 왔던 분들

지금은 단천제가 수리를 하여 현대식으로 많이 변화하였다

12

잭살과 변형차

잭살과 어울리는 대용차

잭살과 같이 먹으면 좋은 대용차 몇 가지가 있는데 감잎, 뽕잎, 댓잎 차다. 참고로 대용차를 하는 사람들이나 소비자들이 감잎도 봄에 따서 차를 만들고 뽕잎도 봄에 따서 차를 만들고 댓잎도 봄에 차를 만든다. 이것은 다시 생각해 볼 문제이다. 좋은 차는 수확 시기가 적절할 때 비로소 차의 역할을 잘한다.

* 감잎은 8월 말이나 9월 초의 단풍 든 감잎이 좋고 맛 또한 사과를 먹는 것처럼 새콤하고 맛있다.
* 뽕잎은 서리를 한 번 이상 맞은 것이 좋다. 뽕잎은 증제를 해서 채를 썰어서 한 번 더 덖어 주는 것이 맞다.
* 댓잎은 12월 동지 무렵이 좋다. 댓잎은 겨울이 되어야 영양분이 응집되면서 몸에 이롭게 된다. 한 번 푹 쪄서 채 썰어 말려 먹는 것이 좋다.
* 모든 나무의 순을 덖음을 하는 것은 매우 잘못된 것이다.
* 쪄야 할 것과 덖어야 할 것, 그냥 비벼서 말려야 할 것, 그늘에서 원형을 유지하

며 말려야 하는 것 등 다양한 제다법이 있는데 덖음이라는 한길로 가는 그것은 맞지도 않고 바람직하지 않다.

* 특히 꽃차를 덖는 것은 참으로 우매하다. 새로운 꽃차 방법을 모색하는 것이 좋다.

백로 즈음 감잎이 단풍이 들 무렵 감잎으로 차를 만들면 좋다

우리 전통 홍차 잭살을 재현하고 처음 소개되었을 때 차를 만드는 사람들이나 마시는 사람들이 호기심에 가득 찼다. 덖음차만 만들어 마시고 판매했던 터라 전통의 홍차 맛을 아는 사람들이 드물었다. 이 차가 무슨 차며 어떻게 만드는지 묻는 사람들이 거짓말 좀 보태면 물밀듯 많이 찾아왔다.

지금도 의문인 것이 귀농한 제다인들은 몰랐다 하더라도 토박이들은 물보다 많이 마신 것이 잭살차였는데 왜 토박이들이 잭살이 무엇이며 만드는 방법을 물었는지 지금도 의문을 잔뜩 가지고 있다. 각 가정에서 상비약으로 민간요법으로 챙겨 먹었던 그 방식대로 하면 되는 간단한 차다. 그런데 그렇게 일러도 쉽지 않은 것은 양의 문제라고 지적을 한다. 당일 할 수 있는 양은 결코 100kg을 넘어서면 감당하기 힘들다.

가을 찻잎으로 만든 잭살이 발효가 되었는지 살피는 중

뜬 찻잎의 잭살

일부는 찻잎이 시들림을 빨리하지 않아서 '뜬' 상태를 발효가 됐다고 해서 일부러 뜨게 해서 홍차를 만든다. 하지만 찻잎은 시들려서 수분 제거가 안 되면 자가 발열이 되더라도 홍차로서 생명은 끝난다.

1/3 이상 뜬 찻잎이라면 차로 가공하지 않는 것이 좋겠다. 뜬 찻잎을 햇빛이나 그늘에 시들려서 비벼도 더 이상 산화는 일어나지 않는다. 뜬 찻잎으로 만든 홍차는 불쾌한 단맛이 돌고 약간 효소액 향이 나며 차 빛은 묽은 오미자차같이 붉은 기운이 돈다.

그리고 비닐에 일부러 띄운 차도 비슷하다. 처음 잭살이 퍼져서 제다원마다 만들기 시작할 즈음 전통 방식을 알려 주어도 비닐에 띄워서 잭살이라며 만들었다. 그것은 욕심부려서 양을 많이 했던지, 게을러서 제때 비벼주지 않았던지, 경험 부족으로 잘 몰라 시들림이나 비비기를 하는 감이 없어서 그랬겠지만, 비닐에 띄운 발효차를 생각하면 달큼하면서 기분 안 좋은 향이 생각난다.

국어사전에 '뜨다'를 찾아보면

* '세상을 등지다, 세상을 버리다'로 적혀 있다. 비슷하게는 들뜨다도 있다. 찻잎도 뜬 것을 사용하면 사망한 찻잎이라고 봐야 한다.
* 사람이나 식물이나 이제는 생명이 다한 것은 뜨다, 뜬다, 떠다, 떤다로 표현한다.

여담인데 어느 날 친정어머니 집에 가니 비닐에 차를 담아서 마당에 두었다. 나를 부르더니 "야야! 잭살을 이렇게 비닐봉지에 넣고 가만히 두면 저절로 된다고 동네 사람들이 전부 요러고 있더라. 진짜 쉽고 잘된다. 너도 어렵게 용쓰지 말고 이렇게 만들어 봐라" 기가 막혔다. 나는 당신한테 배운 대로 천지 팔방 알리려고 애쓰는데 오히려 딴 데서 이상한 것을 배워서 하고 계셨다. 내 성질을 이기지 못하고 어머니께 화를 내고 말았다.

시들리지 않고 차를 두면 찻잎이 건강하지 않고 변한다

언 찻잎의 잭살

새로운 방법의 홍차 제다법이 있다. 시들리고 비비고 띄우고 하는 방법은 같다. 생엽을 바로 냉동시키면 뜬 찻잎이나 마찬가지다. 반드시 공정은 홍차 공정과 같아야 한다. 제일 중요한 것은 반드시 시들림 후에 다음 공정은 판단을 잘해야 한다.

〈1〉 시들린다 - 비빈다 - 냉동한다 - 해동한다 - 비빈다 - 띄운다 - 반복한다.

〈2〉 시들린다 - 비빈다 - 띄운다 - 냉동한다 - 해동한다 - 띄운다.

〈3〉 시들린다 - 냉동한다 - 해동한다 - 비빈다 - 띄운다 - 반복한다.

이 냉동 방법은 찻잎의 영양소가 살아 있는 것이 특징인데 좀 어려운 감이 있고 공간이 많이 필요하며 시간이 제법 소요된다. 그러나 한 번쯤 시도해 볼 만하다. 특히 날이 궂을 때나 급한 일이 생길 때 한두 시간만 햇빛에 시들려서 찻잎을 얼린 후 시간이 날 때 해동해서 비비면 된다. 냉동과 해동을 번갈아 하는 사이 산화는 정말 잘된다.

결론을 말하자면 시들리지 않으면 냉동된 '언 찻잎'이나 열이 나서 '뜬 찻잎'이나 홍차 잭살은 제대로 되지 않는다. '홍차의 기본은 시들리기다.'

언 찻잎으로 잭살을 빚을 때 반드시 시들려서 냉동을 하고 완전히 해동이 되었을 때
잭살을 비비고 띄워야 산화가 잘된다

생찻잎의 다용도

 찻잎을 따다 보면 당황할 일들이 더러 있다. 초봄 어린잎 딸 때는 큰 문제가 없다가 대작이나 잭살용 찻잎을 딸 즈음이면 뱀의 출몰도 잦고 벌이 분봉하느라 떼로 다니면서 위협이 되곤 한다. 큰 나무가 별로 없는 차밭에는 벌집이 숨어 있는 경우가 많다. 벌들은 손이나 얼굴을 많이 공격하는 데 한두 번 겪은 일이 아니다 보니 벌 쏘인 부위에 차이파리를 짓이겨서 바르곤 한다.

 아주 드문 일이지만 뱀에 물렸을 때는 피를 빨아서 빼내고 칡덩굴로 다리를 꽉 묶어서 찻잎을 바르고 응급처치 후 병원으로 가서 치료를 받았다. 경험에 의하면 벌이나 송충이 등에 쏘였을 때 찻잎을 빨아 바르면 붓기가 빨리 가라앉고 덜 가렵다. 평소에도 경화되어 뻣뻣한 묵은 찻잎을 따서 냉동시켜 두었다가 여름에 모기나 모기보다 더 독한 깔따구에 물렸을 때 바르면 덧나지 않는다.

 화개 사람들은 김장할 때 묵은 찻잎을 가지째 베어다 김장독 맨 아래 깔고 배추김

치나 무김치를 담갔다. 동지 즈음에 김장을 하여 4월까지는 실온에 두었다가 먹는 김장김치가 시거나 위에 하얀 웃기가 끼는 것을 방지하기 위해서였다. 살균과 더디게 시어지는 두 가지 효과를 보는 셈이다. 아직도 차나무 가지를 꺾어 넣는 집들이 많다.

특히 동네 잔칫날 수육 삶을 때 당번이 차나무 가지 넣는 것을 행여 까먹을 때면 다 먹을 때까지 핀잔을 듣는다. 고기의 비린내도 잡아 주지만 부드럽기 때문이다.

잭살차를 만드는 도중 산화가 된 찻잎으로 튀김을 했다. 향이 독특하다

잭살은 할머니 약손

과거의 사회는 왜 그랬는지 잭살 만드는 것도 여자들 몫이었다. 할머니, 어머니, 아니면 큰딸로 이어지는 집안의 잔일에 지킬 법도 한데 차가 나오는 계절에는 자다 깨다 차까지 비볐으니 얼마나 힘들었을까?

차를 만들 때도 남녀가 유별했다니 안 좋은 과거다. 남자들은 군불을 땐다든가 잠을 잔다든가 술을 먹든가 그랬다. 물론 소죽도 끓이고 지게질도 했지만, 텃밭 매고 빨래하고 밥하는 일도 만만하지 않았다.

우리 전통 잭살은 주로 할머니들 몫이긴 했다. 할머니 손은 약손이라고 했듯이 할머니들의 인자함과 세상 풍파 다 견딘 단단한 마음으로 만들어졌다. 그리고 온 마음을 담아서 정성스레 잠 안 자고 비비고 띄웠다. 그래서 잭살이 하동 사람들에게는 민간요법의 만병통치약처럼 되었는지 모른다.

어릴 때 큰외삼촌께서 내 배를 비벼 준 기억이 있다. 아주 어릴 적 기억이지만 외가댁에 가면 외삼촌 두 분이 어린 조카들을 데리고 놀아 주셨다. 아마도 나이 차이가 크게 나는 막냇동생의 자식들이라 유독 정이 많이 갔던 것 같다. 하지만 배를 누가 주물러 주고 비벼줘도 잘 안 낫는 경우가 많다. 이럴 때는 어김없이 잭살을 끓여서 먹여 주었다. 잭살차가 내 몸이 퍼지는 사이 외삼촌께서 아픈 내 배를 주무르며 "할머니 손은 약손"이라며 리듬까지 타면서 배를 만져 주셨다. 아마 후손을 귀하게 여겼던 우리 조상들은 기도문이나 진언 같은 속삭임이었던 것 같다. 할머니 손은 약손 하면 모든 병이 스르르 낫는 기분이 든다.

평생 기도와 솔차, 백차, 잭살차에만 관심이 있던
김달단 할머니의 사진

3차 띄우기가 끝난 잭살모듬

12-6

잭살 보약

　지금의 덖음차가 재현되기 이전에는 가마솥이나 주전자에 팔팔 끓여 먹는 추세였다. 다기도 제대로 없었고 다도를 할 줄도 몰랐다. 이곳 화개에 사는 분들이나 친정 어른들께 여쭤도 차는 끓여서 뜨거울 때 먹거나 식혀서 먹는 방법밖에 모르고 있었다.

　배가 아프고 소화가 안 되면 잭살 물에 말아서 밥을 먹기도 했다. 찻주전자에 뜨거운 물을 부어서 세 번을 우려먹었느니 네 번을 우려먹었느니 하지 않았다. 그냥 물 가득 붓고 찻잎 넣고 거품이 나도록 끓여서 먹었다. 잭살차에 든 모든 성분은 모두 용출하고야 말테다 하는 자세로 끓였

잭살 등 민간요법에 사용된 약사발

다. 마치 탕약 끓이듯이! 잭살 한 가지만 넣고 끓여 먹을 때는 가마솥에 넣고 아궁이에 불을 지폈다.

오래 끓이거나 차를 끓인 후 오래 두면 탕색이 점차 암갈색으로 변해 간다.

팔팔 끓인 잭살은 큰 사발에 따라서 그냥 마시기보다는 사카린, 꿀, 설탕을 타서 마셨다. 꿀은 귀했고 설탕은 비싸서 사카린을 타서 마셨다. 뜨거울 때 후후 불며 마시는 달곰한 잭살의 맛은 꿀맛보다 맛있다. 그리고 이불을 뒤집어쓰고 땀을 내면 어지간한 보약보다 나았다. 이 말을 못 믿겠거든 당장 실험해 보면 된다.

어릴 적 화개동천은 겨우내 얼어 있었다. 화개동천은 지리산 봉우리에서 흘러 내려온 물이 모여서 섬진강으로 흘러간다. 화개동천이라는 이름은 원래 화개면이 화개동(花開洞)이었다. 그래서 화개동을 흐르는 시내라는 이름으로 화개동천이라고 불렸다.

산골의 겨울은 아이들에게 놀거리가 없으니 화개동천으로 가서 썰매를 탔다. 온 동네 아이들이 다 나왔다. 아장아장 겨우 걸음마 하는 아기들은 언니와 오빠들이 데리고 와서 썰매를 태워 주었다.

동네에 몇몇 썰매 만드는 장인들이 있었는데 내 작은오빠와 친구 두어 명이 있었다. 예나 지금이나 썰매를 잘 만들던 오빠들은 아직도 고향에 살면서 혼자서 집도 짓고 손재주를 유감없이 발휘하고 있다. 겨울 아침에는 꽁꽁 얼었던 화개동천의 얼음이 정오가 지나면 햇빛에 슬슬 녹기 시작했다. 그러면 물이 얕은 가장자리부터 녹기 시작하면서 얼음물에 빠지기 일쑤였다. 고무신에 차가운 물이 들어가고 양말은 젖고 그래도 좋다고 시내 한가운데 얼음이 두꺼운 곳에서 놀았다.

집에 오면 누런 콧물은 줄줄 흐르고 재채기는 나고 날마다 반복되는 겨울의 일상

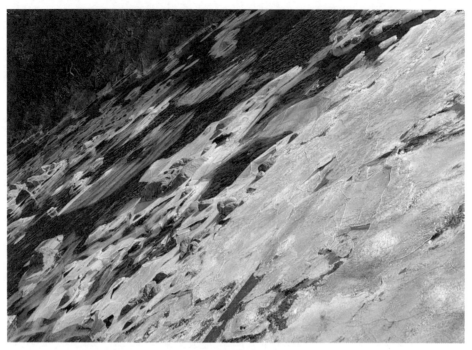

집앞 화개동천은 예나 지금이나 겨울이면 얼어서 늘 감기를 달고 산다.
늘 잭살차를 달여 먹었다

은 잭살과 뗄 수 없는 불가분의 인과관계였다. 잭살이 있고 겨울이 있고 감기, 콧물의 관계는 숨을 쉬는 공기같이 당연하였다.

　줄줄 흐르는 콧물이 반쯤은 입으로 들어가고 반은 옷소매로 닦으며 집에 오면 엄마는 이미 잭살차를 끓여 화로 위 주전자에 올려놓고 기다리고 계신다. 그리고 주전자 뚜껑을 열어 주면서 얼굴을 주전자에 바짝 갖다 대라고 하신다. 잭살차의 뜨거운 김을 코로 들여 마셔야 했다. 냇가에 갔던 형제 서너 명이 화롯불 앞에 빙 둘러앉아 껴들 거리며 향이 진한 김을 훅훅 몇 번 들여 마시면 맹맹하게 막혔던 코는 뻥 뚫리고 시냇물같이 줄줄 흐르던 콧물은 쏙 들어갔다.

신비의 마법 차가 따로 없고 세계 아로마 요법도 이만큼 즉각 반응이 나타나는 좋은 것이 없을 것이다. 우리가 "엄마! 이제 콧물 안 나와" 하면 엄마는 다시 화로 위 주전자를 들고 나가서 잭살차를 가마솥에 한 번 더 끓여 오신다.

그러고 커다란 사발에 잭살차를 따라 주시면 거기서부터 사카린 전쟁과 설탕 전쟁이 일어난다. 서로 많이 타서 먹으려고 싸우고 난리가 난다. 물론 엄마의 회초리가 기다리고 있다. 그렇게 한 사발씩 마시고 이불을 뒤집어쓰고 땀이 날 때까지 발가락 하나도 안 나오게 이불 속에서 장난을 치고 있어야 했다.

한 20여 분 질식할 것 같은 기다림 속에 땀이 먼저 난 순서대로 이불 속을 빠져나올 수 있다. 모두 멀쩡한 채로! 거짓말처럼! 그리고 뜨거운 시래기 된장국에 밥 말아 먹고 잠을 푹 잤다. 그 사람 다음 날도 반복되는 일상은 겨울을 지치지 않고 건강하게 나게 해 주었다. 다 덕분이었다. 화개골 사람들의 겨울 보약 잭살!

잭살차가 성행했던 시절을 표현한 토우. 잭살이 약봉지에 싸여있고
잭살차를 끓이는 가마솥도 이색적이다

잭살 조청

친정어머니 살아 계실 때 초기치매가 와서 우리 집에서 2년여 모셨는데 설날 며칠 앞에 잭살차로 조청을 만들어도 된다고 하셨다. 처음 듣는 얘기라 같이 해 보자고 했는데 초기치매지만 무슨 말을 했는지 금방 까먹었다.

그래서 잭살로 어떻게 조청을 만드냐고 물으니 쭉 순서를 나열하셨다. 메모하면서 같이 일을 저질렀다. 약간의 치매여서 몸은 건강하셨고 금방금방 시키는 일은 잘도 하셨고 옛 기억은 오히려 나보다 영특하실 때도 많았다.

겨울에 할 일도 없고 호기심도 있고 어머니도 심심하지 않을 것 같아서 질금용 보리 순도 놓고 식혜도 만들고 조청도 끓였다. 잭살만 우린 것이 아니라 겨울 차나무에 붙어 있는 묵은 생찻잎을 같이 넣고 달였다. 과거에도 저런 방식으로 만들어 먹었다면 가공해 둔 잭살 양이 적어서 그랬는지 모르겠다.

잭살 조청이 너무 맛있어서 어머니 살아 계실 때 특허를 냈다. 치매였지만 차를 만들거나 조청을 만들고 고추장 만드는 등의 과거 기억은 뚜렷하서서 옆에서 보조만 잘해 주면 엄마 특유의 재빠르고 명민함은 그대로 나타났다. 따로 잭살 특허로 하지 않고 "녹차 조청"이라고 한 이유는 잭살 상표등록에 걸리는 사연이 있어서였다.

그 이후 몇 번 만들어 박람회도 가져가서 판매해 보고 인터넷 판매도 했지만, 인기가 없어서 그만두었다. 하지만 집에서는 몇 번 만들어 먹었다. 잭살 조청은 향이 좋아서 맛있다.

차 제자인 사위와 함께 고추장을 담갔다

잭살차를 끓여서 식혜를 만든다

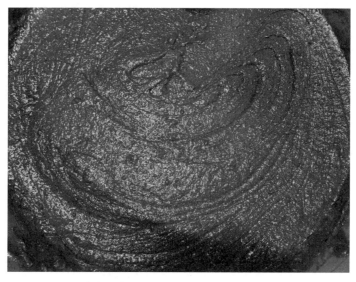

완성된 잭살 고추장에 윤기가 자르르 흐른다

잭살과 인삼꿀 절임과
마늘꿀 절임

친정아버지는 장애가 있으셨고 술 담배를 좋아하셨다. 그런데 당신 몸은 엄청나게 챙기셨다. 몸을 그렇게 챙기려면 술 담배를 말든가 몸을 챙기지 말든가 참으로 이해 안 가는 분이셨다.

아버지는 새벽 5시면 한겨울에도 쌍계초등학교 운동장에 가서 몇 바퀴 걷고 오셨다. 그 일은 나이 드셔도 꼭 하셨고 방학이면 우릴 억지로 데리고 다니셨다. 집에는 잭살이 들어간 사골이나 돼지족발 탕이 끊어지지 않았고 냄새에 질린 어머니는 고기나 고깃국을 거의 먹지 않았는데 아버지 돌아가시고 더는 고깃국을 끓이지 않게 되자 그제야 남의 살이 맛있다고 하셨다.

궁금했던 것은 친정아버지께서 직접 담아서 먹는 두 가지가 있는데 한 가지는 마른 마늘을 절구에 갈아서 꿀에 재여 놓는 것이고 또 한 가지는 마른 인삼을 갈아서 꿀에 재워 놓는 것이다. 그리곤 아무리 자식들이 아파도 그걸 먹어 보라고 말씀 한 번 안 하셨으며 아침 식사 후면 뜨거운 잭살차를 손수 끓여서 마늘꿀 절임이나 인삼

꿀 절임을 혼자 타 드시는 것이다. 가끔 도라지 분말도 꿀 절임을 해 두셨다. 뜨거운 잭살차 한 사발에 꿀 절임은 밥순갈로 고봉으로 떠서 한 숟갈을 타서 마셨다.

꿀에 마늘을 절인 건강차를 잭살차에 타서 먹었다.
친정아버지의 보양식

마늘 꿀 절임과 인삼 꿀 절임은 친정아버지만의 건강식.
자녀들에게 절대 주지 않아서 당시에는 미웠다

잭살차하고 꿀하고의 궁합은 좋지만, 마늘과 인삼과 잭살차의 궁합은 어땠을까? 아마도 할아버지와 큰아버지께서 한약방을 했으니 허약한 아버지께 권했던 처방일 수 있는데 그 당시 여쭤보지 않았다. 할아버지와 큰아버지 두 분은 원래 한약방을 하셨던 것은 아니고 양반 흉내만 내고 계시다가 남원의 한 스승을 만나 유, 불, 선, 천도교, 도교에 깊이 빠지셨고, 한의를 배워서 밥벌이에 뛰어드신 것이었다.

생각해 보면 어린 나이에 그 이상한 것을 먹고 싶은 마음도 없고 줘도 안 먹었겠지만 왜 자식들에게 한번 먹어 보라고 하지 않으셨는지 궁금하고 효능도 정말 궁금하다.

마른 인삼을 곱게 갈아서 꿀에 절여 잭살차에 뜨겁게 타서 드셨다

잭살과 짝꿍
사카린나트륨

나는 사카린 애호가며 사카린 전도사 역할을 마다하지 않는다. 사카린! 잭살과 가장 궁합이 맞는 식품이다. 그리고 하동 사람들에게는 추억의 단맛이다.

그러다 보니 사카린에 대해 호기심이 발동했고 20년 전부터 사카린에 대해 찾아보고 공부를 하기 시작했다. 사카린에 대해 좋은 뜻으로 말을 하면 사람들은 발암 성분이라느니 우리나라에서 금지한 식품이라느니 어중간하게 아는 것이 많아서 부작용에 대해서도 줄줄 나온다.

사카린은 인간의 육체에 도움을 주는 당 식품이다. 설탕을 대체할 수 있는 유일한 요리계의 대단한 무기라고 생각한다. 그래서 잭살 못지않게 사카린의 장점을 요약해서 말하고자 한다. 왜냐하면 잭살과 사카린의 비율을 잘 맞춰서 먹어 보면 천국의 맛을 느낄 수 있기 때문이다. 또한 육체의 반응도 달라짐을 느낄 수 있다! 잭살에 사카린나트륨을 넣으면 체내의 흡수율로 달라지지만 맹잭살을 마시는 것보다 맛, 영양의 효율이 달라진다.

사카린은 1800년대 말에 개발된 인류 최초의 인공 감미료다. 유럽이 산업화하면서 전 세계에 설탕이 부족해졌고 그 와중에 사카린나트륨이 개발되었다. 당연히 설탕의 대체재로 광범위하게 사용되었다.

원래 사카린나트륨의 결정체는 소금처럼 각이 져 있다. 그래서 사카린 자체는 물에 잘 녹지 않다 보니 나트륨을 섞어서 만들고 있다. 그런데도 사카린나트륨 100%는 시중에서 구매가 어렵다. 대형 상점에서는 가능하다. 그런데 사카린에 포도당을 섞은 제품들이 대부분이다.

새롭게 조명되고 있는 사카린나트륨

혼히들 잘 알고 있는 이름은 당원, 뉴슈가, 삼성당, 신화당, 특당 등이 있는데 대부분 사카린에 다른 성분을 섞은 제품들이니 눈을 크게 뜨고 사카린 성분이 많은 제품을 구매하면 된다. 사카린나트륨 5% 정도에 포도당이 95% 정도 들어가 있으니 이런 제품들은 될 수 있으면 자제하는 것이 좋다.

사카린나트륨 성분이 많이 들어 있으면 단맛도 더 좋고 건강에도 좋다. 하지만 사카린도 많이 넣으면 쓰다. 그리고 너무 많은 섭취는 췌장도 싫어하니 적당히 섭취하길 권한다. 한때 사카린은 전 세계 금지 식품이었다. 하지만 엉터리 연구 결과였고 1991년 미국에서부터 서서히 다시 설탕 대용으로 많이 쓰였다.

불행하게도 이 좋은 물질이 우리나라에서만 아직도 선입견이 있어 이미지가 안 좋다. 오죽하면 진로소주에서 사카린을 첨가하고 '새커린'이라고 알쏭하게 표기했을까? 1960년대에는 대기업의 사카린나트륨 밀수사건과 정경유착도 있었고 김두한이라는 국회의원이 대정부 질의 도중 인분을 뿌린 사건이 있을 정도로 사카린의 인지도는 높았다.

미국의 버나드 오서라는 분의 말을 그대로 적어 본다. "인공 식품 첨가물 중 사카린나트륨은 수많은 실험실에서 수십 년간 수많은 연구를 했어도 사람과 동물을 포함하여 대를 이어 실험했는데 이렇게 무해 식품은 처음이다." 그 이후에도 다른 학자들이 많은 연구를 했는데 플로리다 의과 대학에서도 항암효과가 뛰어나다고 발표했다.

우리나라에서도 이제 서서히 규제가 풀리고 있지만 김을 포함한 수산물에는 아직도 금지되고 있다. 김을 말릴 때 사카린나트륨을 섞어서 말리면 김 맛도 좋게 하지만 김이 잘 변질하지 않게 하는 역할을 하는 모양이다. 얼마 전에도 뉴스를 보니 김에 사카린나트륨이 검출되어서 제조업체가 식약처의 조사를 받았다.

사카린은 당뇨환자에 좋다고 한다. 하지만 포도당이 많이 섞인 사카린은 당뇨 수치는 내려가지만, 당화혈색소는 높아진다. 본인이 당뇨환자라면 순수한 사카린 100%를 찾아서 먹어 보기를 권한다. 사카린은 몸에 흡수되지 않는다. 그러다 보니 간혹 당이 떨어지는 환자들에게 병원에서 사카린 탄 물을 마시라는 병원도 생겼다.

사카린은 MSG가 아니다. 화학의 조성이 설탕과는 딴판이라 고온에서도 성질이 잘 달라지지 않고 캐러멜 현상도 일어나지 않는다. 100% 사카린은 설탕의 300배에 달하는 당도가 있다. 열량이 없어서 설탕을 넣은 음식보다 많이 먹을 수 있는데 그러다 보면 과식으로 이어지니 적정량을 조절해서 먹는 자제력이 필요하다.

　20여 년 전 사카린을 한참 알아 갈 때는 사카린에 관한 내용이 거의 없었고 불과 5년 전만 해도 부정적인 내용이 더 많았는데 지금은 세계뿐만 아니라 우리나라에서도 사카린을 극찬하고 있다. 제과제빵, 김치, 소주, 막걸리 등 많은 서민 음식에 권장 식품기기도 하다.

　그런 의미에서 홍차 잭살은 사카린과 궁합이 찰떡이다. 시너지 효과도 대단하다. 차의 흡수율이 세 배 이상 높아지고 비타민 흡수는 더 좋아진다. 봄날 오후 4시가 되면 따끈한 잭살에 사카린을 타서 마셔 보자. 당신의 천진무구했던 네 살 때의 꿈이 아지랑이처럼 행복하게 되살아난다.

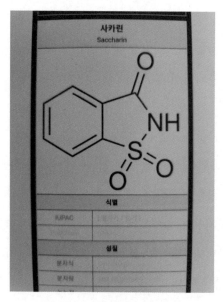

사카린나트륨의 분자구조

잭살과 해당화

잭살차를 비비면서 행복했던 순간을 떠올리라면 '해당화 잭살'을 만들러 강원도를 오고 가는 길이었다. 당시에는 대관령을 굽이굽이 넘어 일곱 시간 이상을 운전해서 다녔다. 차바퀴에서 고무 타는 냄새가 나도 신나게 달렸다.

삼십 대 초반의 나는 쉬지도 않고 고물차에 잭살이랑 해당화 만들 도구를 한가득 싣고 강원도 고성 명사십리를 가는 일은 정말 좋았다. 강원도 바닷가에 해당화가 피었다는 연락이 오면 만사 제치고 달려갔다. 강원도 고성, 속초, 양양은 정문헌 현 종로구청장님의 고향이다.

정문헌 님의 고향 집에 가면 친구분들, 지인분들이 동해에서 온갖 생선을 잡아와서 회를 떠 주었다. 회를 그다지 좋아하지 않았는데 신선한 회의 참맛을 알고 난 이후 회를 좋아하게 되었다. 정문헌 구청장님 어머니의 솜씨는 오후에 잡은 꽃게를 먹기 한두 시간 전에 간장 양념을 해서 주는데 간장 양념과 꽃게회의 중간 느낌인데 입 안에서 녹는다는 표현이 맞을 정도다.

음식 하는 일을 좋아하고 미각이 살아 있다 싶은 지금도 그 맛이 그립고 맛을 낼 수 없다. 그렇게 강원도의 별미를 맛보면서 삼일 정도 새벽마다 이슬 맞은 해당화를 따서 잭살에 향을 입히고 다시 해당화를 거둬서 밀봉해서 왔다.

밀봉해 온 해당화는 말려서 두 가지 해당화 차를 만들었다. 한 가지는 해당화 향만 입힌 차, 한 가지는 향을 입힌 후 마른 해당화꽃을 섞은 차를 만들었는데 후자가 더 인기가 좋았다. 나는 아직도 이십 년 넘은 당시의 빈티지 차를 두 통 가지고 있다. 정문헌 구청장님 어머님과 내 친정아버님이 같은 날 돌아가셔서 조문을 못 한 것이 못내 아쉽다.

강원도 고성과 속초에 가서 딴 해당화꽃으로 잭살과 섞어 만든 해당화 차

물 넘긴 잭살

* 맛있는 차와 맛없는 차는 있다. 개인 취향에 따라 다르다. 입맛에 맞으면 맛있는
   차요, 입맛에 안 맞으면 맛없는 차다. 하지만
* 나쁜 차, 좋은 차는 있다. 나쁜 차를 찾아내어 피하는 것이 중요하다.

한 번쯤이야 마셔도 어떨까마는 차 한 통을 다 먹는다면 건강에 이상이 오기 십상
이니 확인이 필요하다. 정말 믿고 먹는 맛있는 차는 굳이 확인할 필요가 없다. 하지
만 차를 마실 때 왠지 꺼림칙하다면 한 번쯤 확인하는 것이 좋다. 찻잎 원료가 아무
리 좋다고 해도 차를 만드는 공정이 잘못됐다면 좋은 차라 하기에는 무리가 있다.

나는 차를 마시고 평가하는 사람이 참 밉다. 정성스럽게 만든 차를 맛이 있니 없
니 누구네 차는 이러쿵저러쿵하면 더 밉다. 하지만 차를 질 나쁘게 만드는 사람은
진짜 밉다. 차 만드는 방법을 모르면 묻고 공부하고 체험하면 열정만큼 좋은 차를
만들 수 있다. 하지만 욕심과 허세만 가득하여 말로는 자기 차가 최곤데 만드는 과

정은 그리 좋지 않은 차들이 있다.

* 잭살에 곰팡이 핀 차는 햇차일 겨우 육안으로 확인이 가능하지만 해가 지난 차는 찾기 어렵다.
* 쉬어 버린 차는 맛을 보면 안다. 쿰쿰한 차도 맛을 보면 알 수 있다.
* 진짜 안 좋은 차는 다 우려 마신 후 찻잎 찌꺼기를 손가락으로 찢어 보거나 문질러 보면 알 수 있다.
* 찢어 봤을 때 찻잎이 밥풀 풀리듯 뭉개지면서 미끈거리면 공정이 잘못된 차다. 그런 차는 시들림부터 제대로 안 된 차라 발효과정에서 쉬거나 곰팡이가 피거나
* 쿰쿰한 냄새를 나게 하는 나쁜 3요소를 모두 가질 확률이 높다.
* 결론은 잘된 홍차는 시들림이 잘되면 좋은 차가 되는 요소의 70%를 차지한다.

13

잭살과 사람들

재배차의 선구자
신동석 님

신동석 씨에 대한 글은 동네 분들의 증언과 나와 작은오빠의 기억으로 엮는다. 하동에 잭살 은인 세 분이 있었다면 재배 차의 은인도 한 분 계신다. 나는 공은 잊으면 안 된다는 주의다. 비록 그 공을 갚기는 어려워도 잊지 않으려 애쓰고 주변에 알리려고 애쓴다.

공과 과는 누구에게나 있다. 많은 이들을 이롭게 한 공은 인정이 되어야만 한다고 생각한다. 신동석 씨는 오래전 하동을 떠나 살고 계시다. 꼭 신동석 씨께 직접 인터뷰도 하고 인사도 드리고 싶었지만, 나이도 있으시고 멀리 계시다 보니 여러 가지가 여의치 않아 동네 분들의 이야기를 종합해서 타래를 풀어본다.

신동석 아저씨는 큰아버지 같은 분이셨다. 산림조합 같은 데를 다니셨는데 머리에 포마드를 바르고 백구두를 신고 출근을 하셨다. 빈틈이 없는 따뜻한 분이셨다. 그런데도 쉬는 날에는 어마어마한 노동을 하셨고 앞을 내다보는 분이셨다. 어릴 적 기억이지만 산림조합에 다니셨던 분답게 쌍계나들이 조태연가 찻집 뒤, 지금은 대형 주차장이 되어 있는 곳에 동백나무와 차나무 삽목 밭을 일궜다. 차밭을 늘려야 하는데 차나무가 주변에 많이 없으니 쌍계사 주변에서 차나무 가지를 꺾어 와서 삽목 실험을 하셨다. 동백꽃 핀 것은 봤는데 차꽃 핀 것은 기억에 없다.

삽목한 동백꽃은 대부분 성공했고 차나무는 몇 그루만 살아남았다고 했다. 이후에 그분은 쌍계사 주변을 다니면서 씨를 받아서 차밭을 늘려서 갔고 용강마을 뒤편의 드넓은 차밭을 일궜다. 친동생처럼 아꼈던 우리 아버지께도 권하셔서 아버지는 용강마을과 목압마을 밤나무밭을 차밭으로 만들었다. 덕분에 화개에는 재배 차밭이 늘어났고 그분이 앞을 내다봤듯이 십여 년이 지나고 차나무는 성수가 되고 1980년대 후반에는 차가 없어서 못 파는 현실이 정말로 다가왔다.

지금 하동에는 집마다 허가 없이도 차를 만들어 판매할 수 있는데 모두 신동석 씨의 노력해 준 대가다. 그분은 여러 사람 동업으로 제다공장을 하면서 자비로 전국으로 마케팅하러 다녔다.

1990년대 초반 차 문화는 차를 마시는 사람들을 따라가지 못할 만큼 유행을 했다. 신동석 씨는 불철주야 홍보를 애썼고 청와대에도 차를 들고 찾아가고 민원을 넣기도 했다. 같이 일했던 분들의 말을 종합해 보면 홍보하러 다니면서 길거리에 돈을 다 깔았다고 했다. 당시에 나는 부산에서 원지당 찻집을 하고 있어서 그때의 상황을 잘 몰라 같이 일했던 분들과 인터뷰를 한 내용이니 이해 바란다.

신동석 씨가 서울을 얼마나 많이 다니면서 애를 썼는지 차 농사를 짓는 사람들이 스스로 조합원이 되어서 원물을 대어 줬고 차 공장은 산업화의 속도가 붙었고 청와대 납품까지 했다. 그리고 김영삼 대통령 재임 시 신동석 씨는 청와대 들어가서 차 농민들의 고충을 토로하며 계속 민원을 넣어 차 가공공장이 없어도 차를 만들어 팔 수 있도록 조치가 되었다.

소량의 차 생산을 하는 가정에서 제조허가증이 없어도 차를 제조할 수 있게 된 것이다. 소농들에게는 획기적인 일이다. 하지만 공장 허가증은 없어도 되었지만 제품 검사는 해야만 했다. 누군가의 희생과 고생으로 지금 우리는 누구나 차를 만들 수 있고 판매할 수 있게 되었다.

그러나 가능하면 제조 허가와 공장허가를 받는 것이 맞는 것 같다. 차를 사랑하는 사람으로서 우리 차에 공헌한 많은 사람이 더 기록되었으면 하는 바람이다.

재배차가 자리를 잡기까지에는 신동석 님의 노고도 생각해 볼 필요가 있다

13-2

잭살의 정

　동네 사람들이 쌀이 떨어지면 빌려주고 잭살이 떨어져도 거저 주듯이 나눠 주었다. 남겨진 잭살도 없고 동네에 아픈 사람이 있는 집은 직접 차를 끓여서 가져다주기도 했다.

　기억나는 것은 친정어머니의 친척 오빠들이 동네에 두 명인가 살았었는데 명절이면 잭살차를 끓여서 노란 양은 주전자에 가져다주었다. 옛 어른들을 공경하는 전통이 유별났는데 정월 초하루부터 정월 대보름까지 음식을 해서 바치는 풍습이 있었다. 설날에는 직계 어른들께 맛있는 음식을 해서 바쳤다면 초이튿날은 사촌, 초사흗날은 오촌…. 친가 친척들 집에 날마다 한 집씩 음식을 해서 드리다 보면 정월 대보름이 다가올 즘이면 외가 친척들 순서가 되었고 각 집에 음식을 해서 드렸다.

　수정과나 식혜는 떨어지고 어머니도 지치고 하니 잭살차에 돌배와 모과, 유자를 넣어서 끓인 다음 가져다주었다. 이바지 광주리에는 나물, 튀김, 전 종류, 먹은 쑥떡, 찰밥이 들었다. 간단한 다과 정도라고 보기에는 약하고 서너 식구가 한 끼 밥을 먹을 수 있는 개념이었다.

주부들이 대단한 것이 일단 가족의 먹을 걸 책임을 진다. 먹거리를 가지고 응용을 많이 한다. 옛날에 뭐 두견주나 진달래 화전 등도 주부들이 개발했을 것이다. 가장 중요한 것은 주변과 나눔을 한다는 것이다.

잭살에 달콤한 것을 보태서 먹는 것은 겨울에만 유용했지, 더워지면 사카린이나 설탕, 꿀 등을 타 먹지 않았다. 현명했던 것이 더운 여름에는 단 성분이 갈증을 더 유발하니 맹잭살을 시원하게 먹었다. 주전자나 냄비에 넣어서 우물에 담가 놓고 먹었다.

지금 집 말고 큰언니, 큰오빠를 뺀 우리 5남매가 태어난 집은 커다란 샘이 있었다. 그 샘은 한여름에는 시원하고 한겨울에는 김이 모락모락 났는데 그 샘은 겨울이면 온탕 역할을 해 주고 여름이면 냉장고 역할을 해 주었다. 마치 지하수처럼 15도의 온도를 유지했다. 지금도 그곳에 우물을 파면 계절별로 냉온수가 나올 것이다. 한여름에는 두 되짜리 노란 양은 주전자에 담아서 샘물이 고여 있는 곳 말고 위쪽 샘물이 흐르는 곳에 가져다 놓으면 덥고 목마를 때 샘에 가서 수시로 부어 먹었다.

아홉 명이나 되는 대가족이어서 많은 양을 끓이기도 했었지만, 집이 버스 정류장 근처 도로변이라 버스를 기다리거나 무거운 짐을 가지고 내리는 주변 마을 사람들에게 시원한 잭살을 한 잔씩 드리곤 했다. 화개골에서 잭살은 생활 음료였고 접대 음료였다.

그 집의 장례를 보면 망인이 어떻게 살았는지가 보인다고 했다. 이런 두메에서 부모님 두 분의 장례 때는 어지간한 유세자들보다 많은 이들이 오셔서 고인들의 명복을 빌어 주었다.

먹을 것이 모자라던 시절에 버스를 기다리고 배고픔에 짐을 지고 가긴 힘든 이들에게 배고픔을 덜어 주는 일을 많이 하셨는데 잭살차로 목을 축이게 한 것도 포함이 되었다.

여름에는 시원한 잭살차로 더위를 가시게 했고 겨울에는 뜨끈한 잭살차로 시린 손발을 녹여 주었다. 지금도 나를 보면 주변 마을에 사시는 분들이 그러신다. "자네 부모님들한테 어지간히 많이 얻어 묵었네. 자네라도 복받게잉!" 그런 분들의 덕담과 기도로 감사하고 건강하게 살아가고 있음에 덩달아 마음이 편안해진다.

당시에는 매우 귀했던 외사기 주전자에 잭살차를 담아서
집안 어른들이나 신세진 분들에게 가져다드렸다

13-3

잭살 인연 박희준

말없는 시간이 길게도 지나갔다. 말해야지 하면서도 시간과 함께 은공도 같이 묻혀 버린 것이 기회가 없었다. 그래서 더 시간이 가기 전에 우리 잭살을 있게 한 세분의 공을 간단히 적고자 한다. 차를 한다는 사람들이 모두 자신들이 최고라 하지만 이 세 분이 우리나라 전통을 사랑하고 잭살차를 좋아해서 물심양면 도움을 주지 않았다면 오늘날 우리 전통 홍차 잭살은 그냥 집에서 물보다 조금 더 나은 취급이나 받으며 잊히고 있었을 것이다. 그리고 이 세 분을 모르는 분들이 성함이라도 알았으면 하는 바람이다.

부산에서 원지당이라는 전통 찻집을 하다가 귀향한 지 몇 년 되지 않은 2000년도 당시 다인산방(현. 도재명차) 김종일(현. 김원영) 대표의 제다실에서 한 분을 소개받았다. 그분이 박희준 선생님이다. 이미 그분의 짧은 시 한 구를 알고 있어서 직접 뵙고 나서 탐색전에 돌입했다.

〈하늘 냄새〉 박희준

사람이

하늘처럼

맑아 보일 때가 있다.

그때 나는

그 사람에게서

하늘 냄새를

맡는다.

　김원영 대표에게 박희준 선생님을 소개를 받기를 대학 시절부터 차를 좋아했으며 화개 차가 좋아서 차 계절이 돌아오면 화개에 머문다고 했다. 그날 같은 공간에서 차를 비비는데 차를 비비는 것이 흔히 요즘 사람들이 말하는 빨래를 빨듯이 하고 있었다.

　- 박희준 선생님! 차를 왜 엉터리로 비빕니까?

　- 와요? 이것이 안 맞능교? 여태 이렇게 배워서 왔다 갔다 비볐는디?

　- 맞긴 뭘 맞아요? 이렇게 이렇게 돌돌돌 도르르르 굴려 줘야지요.

　- 유정네는 누구한테 배웠능교?

　- 우리 할매랑 엄마요.

　_ 화개 사람들은 다 이렇게 비비는겨?

　- 네. 싹다 그렇게 돌돌돌 굴려서 말아 줍니더.

- 잘 안되는디?
- 그렇게 비비면 찻잎이 찢어지고 차가 빨리 우러나고 쓴맛이 먼저 나와요.
  바닥을 보세요. 찻잎이 다 찢어져서 가루가 많잖아요?

그렇게 세상 앙칼진 여자와 세상 순진한 듯 보이는 두 사람의 인연이 시작되었고 나는 하동 사람들이 덖음차만 만들지 말고 전통 홍차를 만들어야 한다고 역설했다. 호기심 많은 박희준 선생님은 두 귀가 쫑긋 올라갔다. 차를 좋아하는 분이다 보니 화개의 분위기를 알고 있었다.

IMF 직후라 하동의 덖음차에도 위기가 왔었다. 당시 현) 도재명차 김원영 대표는 나와 각별하게 지내는 사이였고 내 말에 귀를 기울여 주었는데 두 번째가 박희준 선생님이었다. 둘이 붙어 다니면서 차를 이야기하고 차를 묻고 다녔던 시절에 매일 아웅다웅했지만 돌아서면 그만이었다.

그때는 박희준 선생님의 호가 '알가'였다. 지금은 모르겠지만 선생님은 투박하고 볼품없다고 여겼던 잭살을 차로 신분 상승시킨 장본인임을 인정해야 한다. 박희준 선생님과 차로 인연을 맺고 차 철이면 내가 식사를 책임지고 차를 만들기를 두 해 정도 지났다.

그리고 박희준 선생님은 차와 향으로 인연을 맺은 전국의 도반들을 모아 캠프를 열어 차를 연구하고 나는 많은 이들의 식사도 맡았다.

초기 잭살차가 있기까지 많은 홍보에 앞장서신 박희준 선생님

13-4

잭살 은인
장준수, 정문헌

이 책에서 장준수, 정문헌 두 분을 세상에 알려야 한다는 생각에서 글을 쓰다 보니 비록 우후죽순이 되었지만, 목압마을 단천재와 장준수, 정문헌 두 분이 하동 전통 홍차 잭살의 은인임을 각인시키고 싶어 쓴 책임을 밝히며 행정에서 적절한 표명을 하는 것이 옳다고 본다.

2000년쯤 향과 차를 좋아한다는 내 또래의 귀공자 두 사람이 박희준 선생님의 차 캠프에 왔다. 미국 유학 생활을 마치고 귀국한 지 몇 년 되지 않았고 스테이크만 먹을 것처럼 생겼는데 내가 해 준 시골 밥을 맛있게 잘 먹었고 순수했다. 그 귀공자 두 분이 장준수(봉추푸드시스템 대표), 정문헌(현. 종로구청장) 씨였다.

아직도 기억이 뚜렷이 기억나는 것은 장준수 대표님과 정문헌 구청장님 두 청년의 꿈이 '우리나라 떡을 파리바게뜨 빵처럼 세계에 유명하게 만드는 것'이라고 말하며 마치 어린아이들이 무용담 이야기하듯 순진무구했고 눈은 어쩜 그리 반짝반짝 빛나던지.

두 분은 항상 좋은 향을 들고 다니며 앉는 자리마다 향을 피웠고 차를 마셨다. 지금도 두 분은 차와 향과 우리 전통을 매우 아끼는 순수 청년들의 이미지는 여전하다.

그렇게 차를 만드는 봄날 장준수, 정문헌 두 분을 소개받고 박희준 선생은 여름이 끝날 때까지 화개에 있으면서 잭살에 대해 노인분들을 찾아다녔다. 나는 운전을 해주며 박희준 선생님과 마을마다 집마다 제다원마다 다니면서 잭살에 관해 물어보고 메모했다. 둘이 같이 다닐 때 오해도 많이 받았다. 부부, 애인, 남매… 외모를 보면 많이 닮긴 했다.

그다음 해에 박희준 선생의 제안으로 장준수, 정문헌 두 분이 우리나라 전통 홍차 재현에 투자해 주기로 했다. 아이디어는 박희준 선생이 내고 나는 이에 동의하여 전통 홍차 제다법만 전수해 주기로 했다. 박희준 선생님의 첫 의견은 우리나라 최초의 '차 작목반'을 만들자는 것이었다.

장준수, 정문헌 두 분은 찻잎 수매할 삼천만 원과 '화개면 목압마을'에 차실과 제다공장과 가정집이 딸린 건물까지 인수했다. 차 철이면 한두 달 차를 만들고 나머지는 두 분의 휴식처로 사용하겠다고 했지만, 그것은 우리의 미안한 맘을 안심시키는 말이었다.

우리는 투자 받은 돈을 사라져 가는 하동 전통차의 재현을 위해 더 열심히 하자고 했다. 하동의 제다인들이 모두 동참하기를 바랐다. 그래서 두 사람이 하동 제다원마다 찾아다녔다. 대만의 칠가(七家)차처럼 전통 홍차 만드는 데 동참한 모든 다원의 차를 섞어서 판매하자는 것이었다.

잭살차에 도움을 주신 장준수 대표(왼쪽 첫 번째), 가운데는 나왕케촉,
오른쪽 첫 번째 박희준 선생님, 오른쪽 두 번째 정문헌 현 종로구청장님

2000년 당시만 해도 하동에 1억 원 이상 매출을 올리는 곳이 많았다. 한두 달 차를 만들어서 그 정도 매출이면 대단했다. IMF 직후라고 해도 몇천만 원 매출 떨어지는 것은 눈도 깜짝하지 않았고 위기의식을 못 느끼는 듯했다. 그만큼 덖음차 한 가지로만 배를 불리던 시절이었다.

얼굴도 잘 모르면서 둘 다 낮가림이 심해도 용기를 내어 다니면서 전통차 잭살을 함께 공동으로 만들자고 제안을 했다. 하지만 수십 군데를 다녀 봤지만, 우리말을 들으려고 하지 않았다. 제다원마다 귀에 못이 박히게 들은 이야기는 "요즘 누가 그런 차를 먹나? 덖음차도 없어서 못 파는데!" 대놓고 문전에서 박대하는 집도 있었다.

악양, 화개의 제다원을 어지간히 다녔다. 실망과 피곤함에 의욕이 상실되었지만, 다행히 같은 마을 사람들을 설득해서 동참해 주었다. 그렇게 박희준 선생님을 포함 일곱 사람이 의기투합했다.

잭살작목반이 일곱 사람의 합동 차를 준비하는 동안 미리 잭살차에 대해 들은 도 재명차 김원영 대표가 나의 조언으로 개인 이름으로 전통 홍차 '황로담'을 출시했고 제3회 야생차 축제 때 첫선을 보였다.

결과는 하동 토박이들의 반응이었다. "이거 우리 어릴 때 먹던 잭살인데?" "어? 이거 우리 할매가 끼리(끓여) 주던 그 잭살 아이가?" "흠마야! 이거 사카리 타 묵던 그 잭살이다!" "우리나라에도 이런 차가 있었어요?" 흔한 말로 대박이 났다. 그리고 야생차 축제가 끝나자 잭살작목반 사무실 겸 제다원이였던 단천재로 제다인들이 몰려들었다. 토박이들이 맛의 우열을 가리지 못하고 잭살과 황로담을 다른 차로 알았다.

이유는 잭살은 팔팔 끓여서 떫은맛이 많고 차빛이 어둡고 황로담은 뜨거운 물을 부어 2~3분 후 우려 마시다 보니 달고 상큼한 맛이 났다. 그래서 단천재를 찾아오는 토박이들에게 똑같은 조언을 해 줬다. "당신들의 할머니 어머니께서 만들어 먹던 그 잭살이에요. 그대로 만들면 돼요." 그렇게 하동 전통 홍차 잭살의 서막이 기분 좋게 올랐다.

단천제에서 잭살을 마시며 잭살에 대한 고민을 많이 했다

잭살과 나왕케촉

친한 언니가 세계적인 명상 음악인이자 영화음악 작곡자인 나왕케촉의 한국 매니 저였다. 이 언니는 모든 것이 만능이었고 적극적이었고 인물이 좋았다. 잭살 축제를 준비하는 와중에 언니가 메일이 왔다. 한참 목압마을 잭살작목반이 창립되고 잭살 차를 단체로 만드는 와중이었는데 곧 그분이 우리나라에 오시니 초대를 하라는 조 언이었다.

지리산은 너무 좋은 곳이며 잭살이라는 한국의 차가 있으니 오시면 대접하겠다 하고 한번 모시고 오라고 했다. 그러면서 덧붙이는 말이 나왕케촉 님이 목압마을에 서 연주해 주시겠다고 했다. 황송했고 지역민들에게도 우리 전통 홍차 잭살을 알리 고 싶은 마음에 단천재 마당에서 연주회를 하기로 했다.

마음속으로는 명상과 차가 만나면 얼마나 멋있을까를 생각하며 홍차가 세계로 쭉 쭉 뻗어나가라 노래를 불러보면서 은근히 큰 기대를 하였다. 그리고 우리에게 아낌 없는 지원을 해 준 장준수, 정문헌 님께 전화했다. 이러이러해서 나왕케촉이라는 분

이 단천재에 오시는데 괜찮으냐고 여쭈니 이미 두 분은 이분의 명상음악을 좋아해
서 미국에서부터 CD를 가지고 있었다며 좋아했다. 정문헌, 장준수 두 분이 많이 기
다렸던지는 몰라도 전화가 이후 몇 번이나 왔다. "진짜 나왕케촉이 단천재에 오세
요?" "네~ 옵니다."

명상음악의 세계적인 대가 나왕케촉. 리차드 기어와 친밀하다

인연이라는 것, 감성이 비슷한 사람끼리 만난다는 것은 삶의 재미 중 한 요소라는 생각이 들었다. 그렇게 세계적인 명상음악과의 방문을 기다리면 설 다. 음식을 준비하고 잠자리를 준비했다. 나왕케촉은 달라이라마와 수행 생활을 하다가 음악으로 티베트의 독립을 세계에 알려야 한다는 달라이라마의 권유로 망명하여 호주로 가서 현재는 미국에서 음악 활동을 하고 있고 리처드 기어의 후원을 받았다.

모두 아는 바지만 리차드 기어는 동양불교에 심취해 있고 티베트와 동양을 많이 이해하고 있다. 음악회가 열리는 날은 목압마을 잭살작목반 회원들이 만든 잭살을 두 가지로 끓였다. 한 가지는 순수한 잭살과 한 가지는 돌배와 모과를 넣은 잭살차를 끓였다.

그리고 찾아와주는 면민들을 위해서 주먹밥 100개를 쌌다. 김을 반으로 자르고 천일염을 들기름에 볶아서 밥을 비볐다. 지리산 엄마들이 토끼봉이나 잔돌 마루(세석평전), 반야봉 등으로 봄나물 뜯으러 갈 때 해 먹던 그대로 했다. 그리고 단무지도 준비했다. 그렇게 나왕케촉 님의 음악을 비 내리는 5월의 저녁에 전통 홍차와 함께 사람들 마음속으로 부드럽게 넘어갔다.

그 이후에도 그분은 한국에 오실 때마다 단천재에서 주무시며 내가 해 주는 식사를 드셨는데 부추와 팽이버섯 겉절이를 좋아했다. 전주 소리 축제 공연 때는 김밥을 싸서 가져갔는데 생에 가장 맛있는 음식을 먹었다고 좋아했다. 쌍계사, 대흥사 등 남도의 사찰에 공연을 와도 단천재에 주로 머무셨다. 오시면 내 고물차로 지리산 일대 관광을 시켜 드렸다. 나왕케촉 6집의 옴마니밧메훔은 아리랑 곡에 6자 진언을 붙여서 부르는 노래인데 함양 벽송사 드라이브 가는 길에 노고단을 넘으면서 아리랑을 흥얼거렸고 그것을 후에 음반을 냈는데 그의 아내와 바비 맥퍼린이 불렀다.

단천제 마당에서 공연중인 나왕케촉

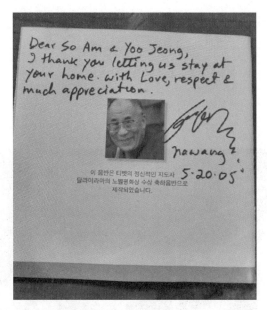

저자에게 준 나왕케촉 선물과 감사글

나왕케촉과 재회하는 장면

잭살과 인연, 이완수 소장님과 혜영 씨 가족, 봉임이

(1) 이완수 전·하동군 농업기술센터 소장님

목압마을 잭살차 축제를 기획하면서 우리는 솔직히 세상을 다 가질 것 같았다. IMF의 후유증을 지리산 차농들과, 제다인들이 체감하기까지는 이삼 년이 지난 후였다. 있던 돈도 다 써 버린 도시인들은 차의 양을 줄여서 구매하였고 제다인들은 재고가 쌓였다. 한때는 활화산처럼 분출되던 차에 대한 애정이 먹고사는 문제로 줄어들고 잭살차라는 새로운 차에 심혈을 기울이는 계기도 되었다.

잭살작목반 단체는 더 좋은 차를 만들기 위해 너나 할 것 없이 최선을 다하였다. 그리고 잭살차 축제가 다가오자 우리는 발로 뛰었다. 먼저 하동에서 차 농사를 짓는 분들은 봄부터 가을까지 찻잎을 따서 농가 수익을 올리면 좋겠다는 생각이었고 재고가 남아도 괜찮은 잭살차를 만들면 제다인들에게도 좋은 일이었으니 침묵하고 있을 수 없었다.

그렇게 군청의 차 담당을 포함 면장과 면사무소 담당 등 관공서를 다녔는데 우리가 내미는 초대장을 본척만척했다. 하기야 덖음차만 봐 온 공무원들이 홍차를 알까? 잭살을 알까마는 그때는 답답했다. 목압마을 잭살 축제일에 어떤 사람이 화개 면사무소에서 왔다면서 이름도 적지 않고 하얀 봉투를 하나 내밀고 갔다. 휴일인데도 정장을 차려입고 오셨다. 거금 이십만 원이 들었다.

이후에도 그분을 잊지 않고 지냈는데 몇 년 전 하동농업기술센터에 회의가 있어 가면서 '소암잭살'을 한 통 들고 갔는데 센터 소장님과 인사를 나누면서 차를 드렸더니 빙긋이 웃으시면서 "정소암 씨, 잘돼 갑니까? 내가 잭살차 축제 때 금일봉 들고 갔었소" 정말 그때의 반가움이란 말로 표현하기가 힘들다. 다시 한번 고마운 마음을 드린다. 하동농업기술센터 이완수 전 소장님!

(2) 수원 혜영 씨 가족

내가 하동에 오자마자 부산 원지당에서부터 만들던 잭살차를 조금씩 만들었다. 주로 바위 위에서 건조를 시키고 6월이나 7월에 만들었다. 그때는 잭살차는 초여름에 만들어야 하는 줄 알았다. 화개골 사람들은 늙은 찻잎으로 습도가 높아진 뒤에 띄워 만들어 우리나라 찻잎의 단점을 보완했다.

어차피 차는 친정어머니랑 친정집에서 만들었기 때문에 차 통이 남아 있어서 '원지생차'를 백여 통씩 생산했다. 그 원지생차를 처음 구매해 주신 분들이 전주의 김관식 선생님 가족이다. 사모님과 두 따님이 전주에서 멀다 하지 않고 화개까지 오셔서 원지 생차를 구매해 가셨다.

그 당시 두 따님은 고등학생이었는데 원지생차를 처음 구매하셨고, 따님들이 대학을 갔을 때는 '목압마을 잭살'을 구입하고, 작은 따님은 교사가 되었고 큰 따님은 약사가 되어서 수원에서 산다. 그렇지만 내가 만든 잭살을 변함없이 응원해 주었다. 그리고 두 따님이 결혼한 이후에는 '소암잭살'을 구매해서 온 가족이 기를 세워 주고 있다고 생각해 보니 25년 정도의 잭살 인연이다.

이 책이 출간되면 제일 먼저 수원 혜영 씨에게 책을 보내 주려고 한다. 아직도 온 가족이 내가 만든 잭살을 최고의 잭살로 쳐 주시니 이 가족분들이 다니는 전주 전동성당의 성모 마리아 님께 감사드린다. 수십 년간 하동의 전통 잭살차의 맛과 향을 가장 오랫동안 알고 계시는 가족이라 뜻깊다. 같은 사람이 만든 같은 잎의 같은 방식의 세 가지의 브랜드를 맛본다는 것은 쉽지 않은 일이다. 김관식 선생님 가족을 생각하면 내 생이 마감될 때까지 잭살을 비비고 싶다.

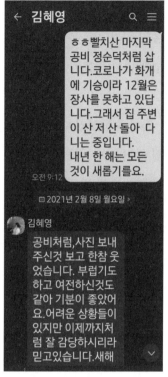

정소암의 잭살 역사를 가장 많이 알고 있는 가족, 원지생차와 목압마을 잭살과 소암잭살을 꾸준히 사랑해 주고 있다

(3) 우리 봉임이

내가 맘 놓고 잭살차를 재현하고 초인목 덖음차를 만들 수 있었던 것은 봉임의 뒷받침이나 수고로움이 없었으면 불가능했을 것이다. 일만 하는 엄마 대신 딸아이의 절반을 키워 주었다. 사람들은 아직도 내 입안의 혀 같던 봉임이를 자주 들먹이고

나는 잘살고 있다고 말해 주고 있다. 어느덧 봉임이의 큰아들이 대학에 입학했다. 통영 처자였던 봉임이는 오로지 차가 좋아서 27살의 나이에 나를 만났고 만 5년이 넘게 나와 동고동락했다.

차를 수매하러 다니는 일도 차를 따는 일도 차를 덖는 일도 총감독을 해 주었고 무인 찻집을 비롯하여 잭살 홍보를 다니는 일 등 큰일 앞에 판단이 서지 않아 망설이면 "언니! 해 봐요" 하던 그 말은 내 인생에 걸림을 없게 해 주었다. 차일의 특성상 밤에 차를 덖어야 하는 작업은 여자가 하기에는 매우 버겁고 육체적인 피로는 말로 표현이 안 되지만 그 고된 노동도 봉임이가 하나부터 열까지 싹 다 정리해 주었다. 생각해 보면 불도저 같은 봉임이 덕에 꾸준히 나만의 차를, 남들은 쉽게 가는 길도 어렵지만, 전통 수제차를 만들 수 있었다는 것에 고마움을 더하고 또 더한다.

그런데도 봉임이 남편인 선사께서 어느 날,
"집사람이 철이 덜 들어서 언니한테 더 잘해 주지 못해 미안했다고 해요. 지금 같으면 언니한테 진짜 잘해 주었을 것이라고!"
라고 하는 것이 아닌가?
"더는 잘할 수 없을 만큼 잘했습니다."

벌써 같이 늙어 가고 있고 몇 년 지나지 않아 지리산 자락 가까운 어딘가에 살면서 같이 쑥 캐고 찻잎 따고 있을 것을 믿어 의심하지 않는다.

2000년대 초 봉임이 사진

14

잭살 잡기(雜記)

잭살이
한국전통발효녹차황차?

어느 해부터 야생차 축제 부스마다 박람회 부스마다 '한국전통발효녹차황차'라는 문구를 넣어 발효차 판매를 하고 있었다. 플래카드 문구는 한국전통발효녹차황차라고 적어 놓고 손님들에게 내어 줄 때는 "우리 전통 발효차 잭살입니다."라고 하는 사람도 있었다. 풀이해 보자면 우리나라 전통 발효차 잭살을 만들었는데 찻잎으로 만들었고 우린 찻물이 황색이라서 붙인 설명인데 기나긴 사설이 전혀 맞지 않았다.

* 한국 전통? ⇒ 한국전통발효차는 자가 발열을 하는 홍차다. 솥이나 살청기에서 덖지 않아야 하고 홍배를 할 필요가 없다. 한국 전통이라면서 차를 익히고 황차라고 부르는 것은 전통 홍차 잭살이 아니다.
* 발효녹차? ⇒ 가장 아픈 대목이다. 발효와 녹차는 상반되는데 어찌 동격으로 알고 있는지 궁금하다. 찻잎을 발효시킨다는 말 같다. 발효와 불발효의 차이를 모르는 것은 기본 공부를 하지 않은 탓이다.
* 황차? ⇒ 황차 방식으로 만들었다면 황차일 것이고 홍차 방식으로 만들었다면

홍차일 것이다. 만드는 방식을 잘 선택하고 분류해서 홍차든 황차든 말을 맞게 붙이면 될 것이다. 그러나 지리산의 날씨에 맞춰진 우리 잭살은 황차 차 빛도 아닐뿐더러 만드는 방식도 완전히 다르다.

'한국전통발효녹차황차'라는 문구가 잘못되었다고 친한 후배에게 조언했다가 "당신은 그게 틀렸어! 안하무인인 네가 만든 차에서는 똥 맛이 나고 별것 없더구먼. 죽을 때까지 혼자 실컷 잘난 체해라!"라는 말을 듣고 어처구니없었지만 웃었다. 지금쯤 부끄러움을 알고나 있을까?

어느 것이 진실인지 그야말로 뒤섞여서 고유의 제다법은 이제 찾아보기가 어렵게 됐다. 차 맛도 전통의 잭살 맛도 사라지고 있음이 안타깝다. 교육의 중요성이 이렇게 표면적으로 나타나고 있다. 맛만 좋으면 되지 그런 것을 왜 탓을 하느냐고 한다면 할 말이 없으나 세계 차계에서 심심해서 6대 다류 백차, 황차, 녹차, 청차, 홍차, 흑차의 분류를 따르고 있는지 생각해 보자.

홍차는 홍차답게 청차는 청차답게 황차는 황차답게 제다를 하는 것은 제다인의 가장 기본적인 본분이다. 우리 고유의 홍차 제다법이 궂든 좋든 명맥을 이어가서 좋은 결실을 기대하며 그 일념으로 30년간의 기록을 펼쳐 놓는다는 것이 장황하게 됐지만 가야 할 길은 한 길이다.

우리 차는 우리 차다워야 한다는 것이다. 물을 좋아하되 물을 싫어하는 나무, 해를 좋아하되 해를 싫어하는 나무 그 차나무에 가장 보편타당한 곳이 하동이며 사대주의 발상이 아닌 고유의 차가 최고라는 자부심이 착각이 아니길 바란다. 또한 잭살 고유의 맛이 세계적인 홍차라는 자신감을 우리 모두 가져야 할 때이다.

찻잎을 가마솥에 덖는다

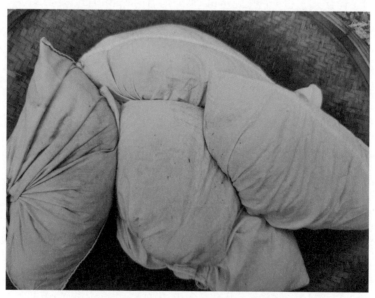

차를 비벼서 광목주머니에 담아서 실온에서 후발효에 들어간다

하루 정도 지난 황차의 발효 정도

발효 시작 후 이틀이 지난 황차의 모습

3일이 지난 찻잎이 황금빛에 가까워졌다

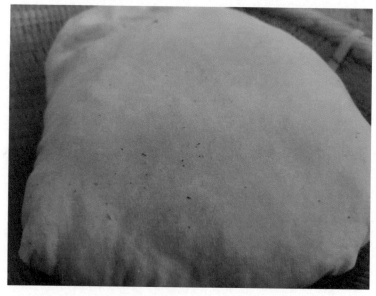

몇 개의 작은 주머니에 있던 차들이 수분이 줄어들어서 한곳으로 합쳤다

5일 후 발효가 완전히 끝나 황금색의 차가 되었다

뭉쳐진 황차를 잘 털어서 말리기 준비를 한다

황차가 말려지고 있다

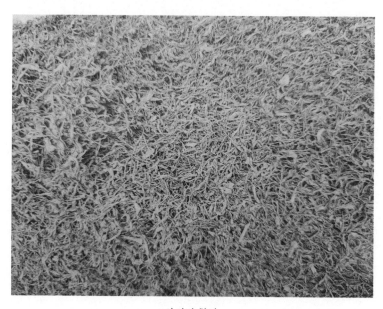

완성된 황차

황금색의 황차를 우리고 있다

황차의 찻빛이 제대로 나왔다

잭살과 동방미인

오로지 덖음차 한 가지 차만 가공하다가 2007년 농약 파동 이후 차 농가는 암울했다. 다행히 재고 걱정을 하지 않아도 되는 돌파구가 발효차였고 꼭 홍차 방식이 아니더라도 발효차란 발효차는 다 등장하여 보관하게 되었다. 강발효, 약발효, 불발효라는 말들을 섞어 가면서 알 수 없는 차를 많이 만들어 두었다. 차밭을 놀릴 수는 없고 차 따는 날을 기다리는 놉들도 인건비를 줘야 하니 발효차가 대세가 된 것이다.

집마다 만드는 방식은 달랐다. 전통 잭살을 알고 제대로 만드는 사람은 당시에는 드물었다. 토박이들은 각각 가정에서 하던 방식을 알 텐데 대량 제다를 하다 보니 뜻대로 안 되었던 것 같다. 나중에 각자 찾아와서 말을 하는데 기상천외한 방법들이 많아서 서로 웃느라 정신이 없었을 정도다.

탕색이 잘 안 나는 사람은 보이차 가루를 섞어서 만들고, 맛이 안 나는 사람은 솔잎 진액을 내어서 뿌리고, 곰팡이가 잘 피는 사람은 소주를 분무해서 띄우고, 시들려서 해야 하는 줄을 몰랐던 집은 생엽 위에 수십 년 전의 솜이불을 덮어 띄우는 집도 있었다. 실패해서 안 좋았더라도 노력의 결과다. 실패는 두 번 다시 저지르지 않으면 공부가 잘된 셈이다. 홍차의 기본을 염두에 두지 않으니 일어난 일들이다.

지금은 홍배나 열 마무리를 하지 않은 제다원들의 맛은 거의 평준화 되었다. 큰 노력의 결실이다. 그러나 홍배나 뒤에 열 마무리를 하는 차들은 갈수록 태산인 채로 맛도 향도 그다지 좋은 차가 아니다.

대만 동방미인 차

차의 수난 시대

　1980년대부터 국민의 교육과 문화 수준이 높아지면서 차를 마시는 일이 유행을 탔다. 1990년대에 들어서서는 차가 없어서 못 팔 만큼 대량의 차를 생산했다. 1980년대에는 화개골뿐만 아니라 하동 전체, 하물며 근처 산청에서조차 차밭을 서서히 넓히고 집마다 논과 밭에 쌀보리 대신, 콩밭을 대신하여 차나무가 심어졌고 1990년대에 수확을 하게 되었다.

　1970년대에부터 차씨를 심어 재배를 시작했던 소수의 농가는 1980년대 들어서 따기 시작을 했지만 그리 많지는 않았다. 1990년대 들어서서는 재배된 차가 성수가 되고 차의 전성기에 접어들었다. 없어서 못 팔 지경이었다. 차 실습을 오는 사람들도 많았고 집마다 차를 덖지 않은 집이 없을 정도였다. 식당을 하는 사람들도 차 철이면 식당을 접고 차를 따러 갔다. 하지만 모든 것이 영원한 것은 없다. IMF라는 장애물을 넘기기 힘들었다.

경제 위기로 인해 2000년대 들어서서는 차밭이 많이 없어지면서 고사리가 심어졌고 결정적인 사건이 있었다. 2007년 이후는 차 마시는 인구가 더 크게 줄어들었다. 이영돈 PD의 차에 농약 성분이 들어있다는 방송 이후 급격하게 줄어들었는데 부끄러워해야 할 단면은 사실이었다. 그해의 여파는 아직도 계속 진행 중이다. 오해가 아니라 사실이었기 때문에 자숙하는 중이지만 쉽게 과거의 영광은 돌아올 줄 모른다.

전 세계적으로 2007년에 비해 차를 마시는 인구와 찻잎의 수확량은 세 배나 늘었다. 그런데 유독 우리나라만 차 인구는 사정없이 줄고 커피 인구만 늘어나고 있다. 다농으로서 애통함은 마음은 표현도 안 되고 다 말할 수가 없다. 농약 파동 이전부터 돈에 눈이 멀어서 하면 안 되는 행위들을 스스럼없이 했다. 분명히 이 글을 읽은 사람 누군가 그럴 것이다. 과거에 발목 잡혀 사는 것이 좋으냐고! 두고두고 반성하자는 의미이다.

30대 중반의 젊은 혈기로 차밭 한가운데 별천지 같은 곳에서 살고 싶었다. 마침 단천재 딱 마주한 곳에 친정 동네 뒤편에 늘 그리워하던 집이 나왔다. 당장 그곳으로 이사를 했다. 차 운행도 안 되고 200m 정도 언덕을 걸어 올라가는 집이었다. 기름보일러나 가스레인지를 사용할 수도 없는 마을 뒤편의 차밭 한가운데에 있는 집이다. 영화를 찍어도 정말 예쁜 집이다. 차가 좋으니 차나무만 봐도 배부르고 좋았다. 오로지 차밭 한가운데 집 한 채 달랑 있는 그 풍경이 좋아서 살았다. 꿈같은 풍경이었고 밤이면 은하수를 따다가 세수를 할 수 있으리라 여길 만큼 하늘과 가까운 집이었다. 밤이면 멧돼지 무리가 온 집을 빙빙 돌았다. 그래도 무섭지 않았다.

차밭 한가운데 있던 우리 집의 봄날을 딸 유정이가 중2 때 그려서
미술 선생님 전시회에 걸렸었다

그런데 봄 차가 끝나고 나면 한 달 후부터 티백 차를 수확하기 시작했는데 가을까지 많게는 네 번 이상 차나무 가지를 잘라 내었다. 차나무는 혹사를 당하니 찻잎에 벌레가 일기 시작했다. 차나무는 나름 독한 기운이 있어 어지간하면 벌레가 일기 어려운데 봄 차를 따고 나서도 최소 세 번 이상은 베어 내니 몇 년을 견딘 차나무도 배길 재간이 없어서 쓰러지고 썩고 벌레가 꼬였다.

그러자니 화학비료 살포도 차나무를 베는 것과 비례하여 뿌리기 시작하였다. 직근이었던 차나무의 뿌리는 땅속 깊이 들어가지 않고 횡근으로 퍼졌다. 스스로 땅속으로 파고드는 땅심 대신 게을러진 차나무 뿌리는 옆으로 부드럽게 번져서 주인이 주는 화학비료를 얻어 마시기만 했다. 당연히 차가 없어서 못 파는 시절이니 농약 살포를 하기 시작했다. 물 농약이면 약하기라도 하지 소방호스로 가루 농약을 살포 하는 풍경은 살벌하기까지 했다.

그래서 집 주변 차밭에 농약을 살포할 때는 피신하여 친정집에 며칠씩 머물기도 했다. 차 농사짓는 사람들이 반성해야 할 과거의 뼈저린 아픔과 반성이다.

일본이나 중국에는 현재에도 농약의 기준치가 몇십, 몇백 배나 함유되었는데도 언론 방송에서는 차 농민을 생각해서 제대로 밝히지 못한다는 것을 현재 외국의 SNS에서 자주 보는 기삿거리지만 현재의 우리나라는 큰 변화가 일어났다. 땅심을 이용하여 세계 어느 곳보다도 더 좋은 토양 위에 제대로 된 엄격한 기준치로 땅속에 는 지렁이 등 천연의 농토로 변하고 있으며 전혀 부끄럼이 없을 정도로 야생다움의 땅으로 바뀌어 있다. 좋은 찻잎으로 좋은 차만 만들면 되는 천혜의 땅이 되었다.

시즈오카 차밭. 시즈오카도 노령화와 티백화에 지나친 수확으로
많은 농약이 뿌려지고 있다

제초제 과다로 인한 풀이 없는
시즈오카 차밭의 일부 모습

화개의 3無

화개에는 세 가지가 없다. 아마도 대한민국에서 유일무이한 곳일 것이다.

* 폐수가 흘러나오는 공장이 없다.

* 화개장터에서부터 지리산 끝까지 무농약 특구이다.

* 가축을 키우는 축사가 없다.

청정지역 화개에 양수댐이 생긴다 하여 저지하러 다녔다

쌍계사 스님들도 양수댐 저지에 동참하셨다

　이만한 천혜의 요지가 어디 있을까? 나는 유기농을 믿지 않는다. 유기농 비료를 믿지 않기 때문이다. 화학비료나 약간의 농약을 치더라도 씻는 방법만 잘 터득하면 오히려 건강에 좋다. 50도 세척법을 알고 습관을 들이면 웬만한 농약도 다 제거가 되고 식물들은 오히려 더 싱싱해진다.

　유기농 채소랍시고 제대로 씻지도 않고 벌레 자국이 동글동글하고 벌레 똥이 있어도 그대로 먹는 것보다 깨끗하게 뜨거운 물에 씻어서 세균과 벌레를 없애고 과일과 채소를 먹는 습관을 들여야 한다.

　몇 년 전 우리나라 유기농 업체 두 군데서 들기름과 참기름에서 벤조피렌이 규정 수치보다 10배가 넘게 나와서 한동안 환불도 해 주고 뉴스거리가 된 적이 있다. 아무리 원료가 유기농이면 뭐하나! 제품 과정이 문제가 있어서 발암물질이 극성을 부려 국민의 건강이 위협을 받고 있지 않은가?

　생각나는 것이 한 가지 있다. 아주 유명한 음료 업체에서 하도급을 주어 음료를 만들었는데 꿀 대신 물엿을 섞어 만들어서 홈쇼핑과 가맹점에서 판매했는데 들통이 났다. 환불과 선물 두 가지 방법이 있었는데 제품을 절반 이상 먹은 사람들에게는 환불 대신 우리 차꽃 진액을 선물로 줬고 그 당시 천여 병 납품했던 기억이 난다.

우리 화개 차는 원료도 깨끗하고 다른 농사가 없어서 찻잎이 완벽하다. 다만 우리는 유기농 비료도 하지 않고 그대로 둔다. 명절에 대기업이나 잘 모르는 사람들은 유기농 인증서를 달라고 하는데 차라리 납품하지 않는다. 유기농이 진짜 유기농인지 확인이나 잘하시라.

물과 산이 어우러진 다오(DAO) 공장 앞의 모습

비 온 후 안개 낀 차밭은 화개가 청정하기 때문에 더 아름답다

티백 차의 공과 과

인간 만사에는 음과 양이 있다. 티백이라는 간편한 봉지 하나가 차를 대중화시킨 일등 공신이다. 솔직히 차가 뭔지도 몰랐던 사람들에게 차나무에서 딴 잎으로 가공한 것이 "차"라는 것을 대중들에게 인지시켜주었고 건강에 좋다는 뉴스들은 섬진강 물처럼 지리산 바람처럼 기삿거리로 넘쳐흘렀다. 가끔은 해외에서도 취재해 갔다. 해외 박람회에도 나가고 국내 박람회에도 나가서 차를 많이 홍보도 했지만 '차'라는 것이 있다는 것을 인지하기에는 티백 차의 공은 그야말로 식은 죽 먹기만큼 쉽게 홍보할 수 있었다.

차 인구가 많아지니 마트에서도 티백 차를 사 먹게 되었다. 잎차는 다방이나 전통 찻집에서 낱잔으로도 판매되니 차가 많이 부족했다. 그러다 보니 사람들의 욕심은 끝이 없어졌다. 내일 티백용 찻잎을 베어 팔기 위해 오늘 농약을 살포하는 사람을 봤다. 농약을 살포하고 몇 시간 지나면 벌레가 먹어 움츠러들었던 찻잎이 정상적으로 싹 다시 퍼졌다. 지금은 유기농 검사다 뭐다 해서 차밭의 흙을 철저히 검사하지만, 당시에는 무조건 팔기만 하면 된다는 의식이 강했다.

마을 사람들도 알면서 쉬쉬하고 당연시 여겼다. 배추에 벌레가 일고 밤나무에 벌레 일면 농약 치듯이 찻잎에 벌레가 앉으면 농약을 살포했다. 나쁜 행위라고 말리면 관행이 그렇다는 것이라고 했다. 관행농의 폐해는 생각보다 심각했다. 기자들이 눈치를 채고 취재를 시작하면 어떻게 알고 입막음을 시도했다. 유지들이 입막음하는 걸 목격을 한 적도 있다. 그러나 국민 건강을 위해 아픈 매를 맞은 것은 정말 잘된 일이다.

새벽에 티백차 수확을 하고 있는 동네 차농들

몸에 좋다고 마시는 차를 그런 식으로 재배했다는 것은 반드시, 꼭 짚고 넘어가야 할 과거의 수치이다. 그런 과거가 수치스럽지 않으면 지금이라도 차일을 그만두기를 권한다. 저렴한 티백 문화의 편리함도 좋지만, 고급화되면서 편리함도 같이 추구해서 건강한 차로 만들었으면 좋겠다. 티백은 차를 대중화하고 유행을 시키는 데 일등 공신이었음을 부인할 수 없고 이제는 티백 차도 고급화되어 훌륭한 차가 많다.

사람과 차나무가 오랫동안 우리 화개에 공존하기 위해서 땅심이 좋아야 하는데 땅심을 망치는 일은 유기농 비료든 화학비료든 비료의 성분은 좋지 않다는 것이다. 봄 차 외에 한두 번 정도는 티백용 차를 베어 낼 수 있겠지만, 그 이상은 아니지 않나 싶다. 지금은 세계적 기업인 스타벅스가 하동 차를 선택해서 가루차의 원료가 부족한 상황이다. 행정에서 차광 재배에 필요한 적극적인 지원을 해 주고 있다. 똑똑한 차광 재배를 하는 농가들도 있긴 하지만 대량 생산은 차의 미래를 밝게 하는 것 같지는 않다.

화개는 화개만의 재배법으로 고급 차를 살려서 세계에서 가장 비싼 가격으로 판매하는 것도 고려해 볼 만하다 싶은데 농민들의 힘을 모으기에는 턱도 없다는 것도 잘 알기에 미리 겁부터 난다. 의지도 없고 용기도 없다.

한 참 내 몸이 대상포진의 합병증으로 죽을 만큼 힘들 때 아랍에미리트 왕실에 우리 덖음차를 납품할 기회가 있었다. 그들은 12월에 화개에 왔고 우전 40g에 삼십만 원씩 삼천 통을 구두로 약속했다. 모두 거짓말이라 여길 것이다. 사실이다. 에피소드는 더 많다. 그러나 자세한 기록은 어렵고 뼈대만 간추려 보면 그분들이 내 차를

잭살을 촬영하는 네덜란드 방송팀들

맛을 보고 좋다고 했고 내 차는 턱없이 부족하니 나와 비슷한 동지들 차를 수배했고 납품 직전까지 갔었다.

그런데 전 군수님의 무리수로 와해되었다. 순전히 우리 하동 잎차를 사기 위해서 재무장관급의 사람들이 와서 미팅까지 다 마쳤는데 전 군수한테 이 사실을 알린 것이 화근이었고 하동의 온갖 농산물을 다 들먹이는 바람에 이들이 질려 버린 것이다. 하동을 너무 사랑해서 열정이 넘쳐서 생긴 일이다. 하동의 냉동 딸기도 팔아 달라, 하동꽃쌀, 파프리카, 배 등등 다 들고 와서 팔아 달라니 그들이 하동을 떠나 버렸고 군수는 1월, 2월 각 면과 농협 등의 신년 인사를 와서 자신이 곧 아랍에미리트에 초청되어 간다고 자랑을 했다.

마침 그해에 나는 농협 대의원이라 농협 총회에 참석에서 그 말을 들었고 마을 부녀회장이라 화개면 총회에 가서도 똑같은 말을 듣는데 생병이 나는 줄 알았다. 차를 단 10통이라도 수출할 수 있는 명분조차 뺏기고 말았는데 자신이 하동의 농산물을 모두 수출하기로 했다면서 계약하러 간다고 자랑을 하는데 뼛속에 눈물이 흘렀다. 그 이후 두 번 다시 기회는 오지 않았다. 첫걸음이 중요한 것이다. 만약 그때 차를 조금이라도 수출을 했다면 우리 화개 차의 위상이 달라졌을 것이다.

네덜란드 방송 출연자들이 잭살을 마시면서 한국 홍차에 대해
많은 칭찬을 아끼지 않았다

잭살용 근대 찻잔

찻잔은 근대에 외사기를 많이 사용했다. 스테인리스 그릇이 유행할 때는 스테인리스 밥그릇, 국그릇에도 따라 마셨지만, 스테인리스는 열전도율이 높아서 손에 쥐면 금방 뜨거워져서 외면했다.

찻잔도 외사기 잔을 많이 사용했다. 외사기 잔은 일본에서 만든 것이 아니라 우리나라에서 만들었어도 일제강점기 때 유행한 그릇에 붙여진 이름이다. 물론 일본에서 만들어져 온 그릇도 있었다. 우리 집에는 외사기 그릇이 지금도 많다. 밥그릇, 국그릇, 접시, 물잔 등등.

근대의 외사기 물잔 겸 찻잔

순종과 이완용 같은 회색분자들은 잊으면 안 된다. 일본에 나라를 양도하면서 민중을 구원하려고 하는 지극한 뜻이라니 말은 그럴싸하다. 일제강점기가 되면서 조선이라는 나라만 쇠퇴한 것이 아니라 차 문화도 같이 쇠퇴했다. 가뜩이나 없는 민중들에게 놋그릇, 숟가락까지 싹 다 가져갔다. 2차 세계대전 중 전쟁 물자로 쓰기 위해서 우리나라 생활 그릇들을 모두 빼앗아 갔다. 놋쇠로 된 모든 것은 다 빼앗아 갔다. 놋쇠 밥그릇, 국그릇, 수저, 요강, 세숫대야, 주걱까지….

　당시 우리나라의 실생활 그릇들은 다 놋쇠로 이루어진 것들이었다. 1939년 무렵부터 조선의 놋쇠란 놋쇠는 다 가져가 버렸는데 하동도 예외는 아니었다. 거기다가 곡물까지 다 가져갔다. 먹을 곡식도 없는데 차를 만든다는 것도 배부른 소리였다.

근대의 대접용 찻잔

먹을 양식은 물론 그릇까지 다 뺏겨서 떠먹을 수저조차 없는데 그 와중에 차를 만들었을까? 할머니나 어머니께 들은 바로는 대나무를 잘라서 밥그릇 국그릇으로 사용했고 수저도 대나무를 깎아서 만들었다. 다음에는 박을 많이 심어서 박 바가지가 그릇이 되었다. 큰 박 바가지는 물바가지로 사용하고 작은 박 바가지는 밥그릇으로 더 작은 것은 물 마시는 용으로 사용했다. 객살도 박 바가지로 떠먹은 기억이 있다. 박 바가지는 잘 쓰지 않고 깨지는 단점이 많아 나중에는 가벼운 오동나무가 대체재가 되었다.

조선 말 찻잔

조선 말 차식힘 사발

200년 전 식힘사발

어려운 시기에는 응급 시에 먹을 차만 조금씩 만들어서 숨겨서 먹었고 먹거리는 대충 닥치는 대로 담아 먹었지만, 놋쇠 종류는 모두 가져가고, 외사기 산업은 발달했다. 꿀단지, 간장병, 물잔 등 다양한 생활 그릇이 외사기로 대체 되었다. 우리 집에는 어디서 나왔는지 모를 외사기 다관이 뚜껑 없이 한 점이 내려오고 있다.

전쟁이 끝나고 어느 정도 삶의 질이 자리를 잡은 1960, 1970년대가 되자 나름대로 격식을 갖춘 것이 외사기 잔에 차를 마시는 것이었다. 외사기 잔은 돈이 많아서 산 것은 아니었다. 외지에서 몇 사람이 와서 마을회관에 주민들을 모았다. 현금이 없으니까 일단 그릇을 주고 한 달에 한 번 와서 돈을 걷어 가는 형식이었다. 외사기 그릇

값은 비싸지 않았다. 외사기 절구 등 합쳐서 삼천 원어치를 사면 한 집에서 300원, 600원씩 거둬 갔던 기억이 난다. 그렇게 어렵게 시골 아낙들은 유행하는 그릇들을 가질 수 있었다.

당시에는 지금 젊은 주부들이 명품그릇을 손에 넣은 것처럼 동네 부녀자들은 좋아했다. 가난한 집은 남편이나 시어머니 몰래 샀다가 그 돈을 갚지 못해 동네 돈놀이하는 사람에게 꿔서 주는 것도 보았다. 추억이 새삼스럽다.

조선 말 차 주전자

한국전쟁 직후의 찻잔

잭살과 헤프닝

20년 가까이 실험용으로 잭살을 옹기에 보관해 보니 단점이 너무 많아서 그 단점을 보완하고자 나름대로 방법을 모색했다. 그래서 예전에 어른들이 했던 방법도 써 보고 여러 가지 실험도 해 봤다. 옹기에 완벽하게 보관하는 방법을 머리에 생각나는 대로 다 해 봤다. 이것저것 많이 해 보았지만, 밀봉을 잘해서 실온에 보관하는 방법보다 못했다.

우리 잭살은 세계적인 차가 꼭 된다

그러다 일본 사람들이 예전에 했던 횟가루를 사용해 보기로 했다. 그래서 일본에서 횟가루 10kg을 구매했다. 1kg짜리 10봉지로 기억을 한다. 기다려도 횟가루가 오지 않아서 알아보니 세관에 그대로 머물고 있었다. 며칠 뒤 세관 경찰에서 전화가 왔다. 횟가루 상자와 봉투를 뜯어서 마약 검사를 해야 한다고 했다. 그리고 왜 이 가루를 샀는지도 꼬치꼬치 물었다. 질문은 이 가루가 마약일 것이라는 전제하에 묻는 것이어서 어이가 없었지만, 이해는 할 수 있었다.

우리도 복잡한 것이 싫어서 그럼 그대로 버리라고 했다. 횟가루는 우리 손에 오지 않았고 헤프닝으로 끝났지만 아쉬움은 남았다. 누군가 국산 횟가루를 사들일 수 있던지 일본에서 수입이 가능하다면 한번 해 보셨으면 한다. 우리는 복잡한 것이 싫어서 싫었다.

만약 우리 손에 일본산 횟가루가 들어왔다면
* 장독 맨 밑에 싸리나무 말린 것을 넣고
* 그 위에 한지를 깔고
* 광목 주머니에 잭살을 담고
* 장독에 잭살 주머니를 넣고
* 한지를 위에 몇 겹 덮을 계획이었다.

정소암이 빚는 잭살

옹기의 뒷모습

과거에는 옹기가 많았는데 왜 옹기에 차를 안 담았을까? 옹기에 담았다고 해도 싸리나무 가지며 광목이며 한지에 첩첩이 싸서 보관했을까? 그런데 지금은 옹기에 발효차를 담는 제다인들이 많고 옹기에 담은 잭살은 수십만 원에서 이백만 원까지 팔리는 것을 봤다.

나도 20년 가까이 옹기에 잭살을 담아 봤지만 철저하게 방편을 하지 않는 한 잡냄새와 곰팡냄새, 흙냄새에서 벗어날 수가 없었다. 그래도 실험한다고 가끔 한 번씩 먹어 봤지만, 결론은 옹기에 차를 담아 두는 것은 버리겠다고 작심하여 방치하는 것이나 다름없었다. 20도 이하의 온도를 유지하면서 40% 이하의 습도를 유지하지 않는 한 옹기에 차를 보관하는 일은 하지 말길 권한다. 1년 내내 에어컨을 켜 놓는다면 모를까?

설사 온도와 습도가 적정하더라도 잡냄새는 어떻게 차단할 것인가? 옹기에 차를 보관하고 몇 년이 흘러서 차 맛이 좋다고 하는 사람은 차 맛을 아예 모르거나 건강을 자신하는 사람일 것이다. 그렇지 않고서는 그 차를 마실 수도 없고 마셔도 안 된다. 옹기와 차는 냄새와 수분을 잘 흡수하는 특징이 있다. 그런 두 물질이 만나면 어떤 결과인지 뻔하지 않나?

앞의 내용에 할머니께서 옹기에 보관하시던 과정을 옮겨 놓긴 했지만 그런 경우도 있었다는 것을 기록한 것이지 권장한 것은 결코 아니다. 차라리 플라스틱 통을 지원하면 낫겠다. 스테인리스나 도자기는 그다음 낫다. 도자기도 중국 자사나 백자는 좀 낫겠지만 장마철에는 습기를 먹어 차가 눅눅해지는 것은 똑같다. 다만 여러 가지 나름대로 방법을 생각하면 좀 낫지 않겠나 하는 생각이다.

예를 들어 차를 비닐에 담아서 옹기에 보관한다면 옹기에 넣으나 마나 아닌가? 비닐에 차를 담지 않고 옹기에 바로 보관했을 때 한 달 이상 장마가 있으면 반드시 하얀 곰팡이가 핀다. 또 겨울이 되면 곰팡이가 시커멓게 마른다. 그 차가 맛있다고 먹고 자랑하는 사람들이 있다. 발효가 되어서 그렇다나? 엄청나게 잘못된 것이다. 이런 것은 반드시 짚고 넘어가야 한다 싶어 손가락질받을 각오로 한마디 한다.

군에서 차 단지를 지원해 준다고 문자가 왔길래 도대체 어떤 단진가 봤더니 옹기 종류였다. 기가 막혔다. 차라리 플라스틱이 나을 텐데? 다음에는 옹기 말고 식품 보관용 대형 스테인리스강 통을 지원해 주길 바란다. 옹기에 담긴 차 말고 차를 담았던 옹기를 연구소에 보내 보시길 권한다. 현미경으로 차를 담았던 옹기를 검사해 보면 곰팡이 차가 옹기까지 망쳐 놓은 것을 알 수 있을 것이다. 이 상황은 1년 내내 에어컨을 켜지 않은 설정을 말하는 것이다.

검사를 해 봤다면 결과는 알 것이고 그 옹기는 당장 깨부숴야 한다. 곰팡이는 한 번 피면 스테인리스나 유리그릇을 제외하고는 곰팡이 포자를 없앨 방법이 없다. 옹기에 담은 차가 건강을 담보로 예쁘게 보이고 아름답게 보이고 우아하게 보이겠지만 내 건강을 팔아먹는 것이다. 아니 타인의 건강조차 망쳐 놓는 것이다.

제다인의 자세는 나보다 타인을 먼저 생각해야 한다. 옹기가 얼마나 좋은데 라고 반론을 하는 분들은 아주 간단한 방법이 있다. 경상대학교 류충효 교수께 가 보시길 권한다. 우리나라 최고의 발효 전문가시니 가서 분석 좀 해 달라고 하면 그분의 열정도 만만찮은 분이라 당장 분석해 주실 것이다.

된장에서 나오는 곰팡이와 발효차에서 나오는 곰팡이는 완전히 다르다. 된장은 염도가 있다. 저염식 된장은 18~23보메 정도 되고 짜게는 30~33보메까지 있다. 30보메 이상이면 옹기에서도 잘 견디는데 저염식 된장 20보메 이하는 옹기에서 보관이 어렵다. 간장, 된장, 고추장에도 곰팡이가 많이 일어난다. 안 좋은 균이다. 한창 발효 공부하러 다닐 때 된장을 담았던 옹기에서 황색포도상구균까지 검출이 된 적이 있었다.

그 후 옹기에 대한 꿈과 로망은 산산이 부서졌다. 하지만 옹기는 습도와 온도와 햇볕을 제대로 갖춘 곳에서 20도 기온 40% 전후의 습도를 유지하면 곰팡이가 잘 피지 않는 것은 확인했다. 그렇지만 습도가 60% 이상 넘어가 데는 곰팡이가 피기 마련이다.

우리 조상들이 장독대를 마당의 평평한 곳에 안 두고 몇 뼘 올려서 볕 좋은 장소에 만드는지 이제야 알았다. 그리고 장독대의 옹기를 계속 비만 오면 닦아 주고 눈이 와도 닦아 주고 햇볕이 와도 닦아 준 이유, 곰팡이를 닦아내기 위한 것이었다는 것을 알았다. 그리고 곰팡이가 덜 슬게 하려고 항상 햇볕이 좋은 곳에 뒀다.

그래서 우리나라는 장독대라고 집에 구조가 따로 하나가 더 있었다. 장독대는 마당보다 높은 곳에 있었다. 그리고 울타리도 해 주었다. 보통 땅과 평평하게 올려놓은 것과 50㎝라도 더 높이 올려놓은 것은 매우 다르다. 빨래를 널 때 빨랫줄이 한 뼘이라도 높이 있으면 빨리 마른다. 그 원리와 같은 구조로 장독대를 만든 것이다. 얼마나 과학적인지 새삼 감탄을 한다.

어떤 유명한 이는 옹기가 차를 담아 후발효 하기에 너무 좋다며 제대로 소독도 안하고 어디 처박아놨던 옹기인지도 모르고 대충 씻어서 말리기만 해서 차를 담아 놓는 것을 보았다. 그것도 사람이 들어갈 만한 크기에다가 숲속에 두었다. 새 옹기도 아니고 헌 옹기를 사용하고 있었다. 현시대는 방수 방습이 잘되는 제품들이 많으니까 차를 담고 꽁꽁 묶어서 다시 옹기에 보관하는 것은 적극적으로 찬성한다.

그렇지만 옹기에 바로 차를 담고 거기다가 한지 정도로 뚜껑만 살짝 밀봉해서 둔다면 하지 마시라고 권한다. 만약에 그런 차가 좋다고 사 먹는 사람이라면 어리석은 사람이고 그 차를 판매하는 사람은 무지한 사기꾼이다.

옹기가 좋고 나쁘다는 것을 말하고자 하는 것이 아니다. 어떻게 용도에 맞게 활용하는가에 대해서 잘 알아야 하고 차의 습성과 체질을 알고 사용하자고 하는 것이다. 옹기에 담으면 뭐든지 좋다고 하는 긍정적 개념에서 출발하다 보니 옹기의 부작용은 괘념치 않고 있다는 슬픈 현실이다.

이 말은 정말 하기 싫지만, 옹기 이야기가 나왔으니 재미 삼아 한번 해 보면 친정집에서 더부살이하다가 1998년 초여름 목압마을에 정착했다. 그 집 뒤란에 버려둔 커다란 장독이 네 개가 있었다. 우리나라 사람들은 옹기에 대한 막연한 좋은 향수 같은 것이 있다. 나 역시 옹기를 보니 좋았다. 가뜩이나 없는 살림이라 살림이 느는 기분이 정말 좋았다.

옹기가 어찌나 컸는지 몸의 절반이 들어가는 듯했다. 그 안에는 약간의 흙이 담겨 있었다. 옹기에 담긴 흙이 매우 딱딱했다. 그래도 어머니, 할머니가 했던 것처럼 옹기의 흙을 힘을 다해 덜어내고 깨끗이 씻고 말렸다. 과정이 얼마나 힘든지 손톱도 부러지고 손가락 끝에 물집도 생겼다. 그렇게 나란히 줄을 세워 놓고 무엇을 담아둘까 행복한 고민에 빠지며 장독의 생김새와 그림에 빠져서 눈으로 즐겼다.

어느 날 동네 할머니 여섯 분이 놀러 오셨다. 씻어 둔 옹기를 보더니 동시에 놀라셨다. 왜 그러냐고 물으니 그 집에 땅꾼이 살았는데 뱀을 잡아서 모아 두었던 장독이었다. 겨우내 잠자는 뱀을 잡아서 그곳에 모아 두기도 했고 여름에는 살모사만 따로 잡아서 모아서 한꺼번에 팔았다고 했다. 당시에 독이 많은 뱀일수록 비싸서 크기별로 돈을 많이 받았다.

지금이야 뱀탕을 먹는 사람들이 거의 없지만 25년 전만 해도 지리산은 뱀탕을 먹으러 오는 사람들이 많았다. 뱀의 진액이 흘러서 흙이 딱딱했다. 그러니 옹기는 반드시 눈으로 확인한 것만 사용하기를 권한다. 가능하면 오래된 옹기는 감상만 하는 것이 좋을 것 같다.

깊은 산속 민가에 장독이 홀로 남겨졌다

잭살 아닌 잭살

한 번 나쁜 차는 결코 좋은 차로 돌아오지 않는다. 어찌 썩은 냄새가 과일 향으로 바뀌고 곰팡이 핀 차가 부드러워진다는 것인가? 신의 손이 스쳐도 안 된다. 썩은 차는 100년이 지나도 썩은 차일 뿐이다. 그런 어리석은 생각은 버려야 한다.

나쁜 차가 시간 지나면 좋아진다는 어불성설은 절대 가져서는 안 되는 마음가짐이다. 만약 아직도 그런 차를 쟁여 놓고 시간을 기다리는 분들이 있으면 그 차 맛을 한번 보고 싶다. 하지만 다행히 이제는 그런 제다인이 없다는 것이고 제다인들이 많이 줄어서 그런 면도 있을 것이다.

처음 잭살이 우리 차의 한 종류로 알려지고 덖음차만 하던 사람들이 발효에 대해서 잘 모르고 우왕좌왕하던 시절이 있었다. 곰팡이가 피어야 한다는 사람도 있었고 시들리지 않고 띄우는 사람들도 있었다. 말 그대로 천차만별이었다.

발효라는 말을 처음 들어 본 사람들도 있었다. 발효와 차에 대해 이해도 제대로 못 하고 차가 먼저 나왔는데 좋은 차가 나왔을 리 만무하다. 지금은 흉을 보는 것처럼 보이겠지만 그때의 상황을 정확히 설명하는 것이다. 그만큼 안타까운 상황이 많았다. 나름대로 열심히 설명해 주어도 옆에서 같이 차를 만들지 않는 한 실패할 확률이 높았다.

찻잎 가격은 비싸지 버리기는 돈이 아까우니 발효차는 오래 두고 먹을수록 맛있다는 말은 들었지, 적금 넣는 셈 치고 창고마다 차를 재었다.

2006년쯤 10평 규모의 차 창고에 상한 꽉꽉 잭살을 쟁여 둔 제다인을 본 적이 있다. 일부러 그러지는 않았다. 만들다 보니 곰팡이가 피었고 쉰내가 났고 묵은김치 냄새가 났다. 그 제다인의 차에 대한 열정은 대한민국 최고였음은 옆에서 지켜보아서 잘 안다. 하지만 나쁜 차는 나쁜 차였다. 지금 그 많은 잭살 아닌 잭살은 다 어디로 갔는지 궁금하다.

지금껏 제다라는 직업을 버리지 않고 차를 만드는 사람들은 차에 인생을 건 사람들이다. 커피의 홍수에 빠진 사람들이 우리 차는 마음에 벽을 세웠고 커피를 마시는 사람은 세련된 사람, 우리 차를 마시는 사람은 고리타분하다는 의식이 지배적이었다. 우리 차의 판로는 길을 잃었고 차밭에는 펜션이 지어지고 고사리밭이 생겼다. 이런 어렵고 곤궁한 일을 차만 바라보고 온 지금의 제다인들에게 존경의 박수를 보낸다.

끊임없이 공부하고 밤낮없이 노력한 사람들만 살아남았다. 자녀들이 대를 이어서 차를 하는 집들도 많아졌다. 우리 집만 해도 9년째 같이 차를 만드는 사위가 있어 든

든하다. 큰돈이 안 되어서 뒷받침을 못 해 주어 매우 미안하다. 소망은 남편과 사위가 계속 차 공부를 하고 있으니 더 공부하여 논문으로 박사학위를 받았으면 하는 바람이다. 주경야독하며 차 학과를 나온 다농과 제다인들께도 경의를 표한다. 그 덕에 우리 차의 전망은 경쾌하다.

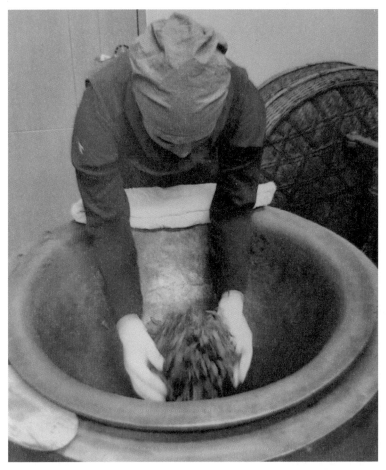

솥에서 덖어 버리면 홍차잭살이 아니다. 하지만 약한 불에서 덖는 제다인이 있다

유자잭살과 유자쌍화차

잭살이 하동의 비상 상비용 약차라고 하니 온갖 한약재는 다 들어간 줄 안다. 그렇지 않았다. 지리산에서 많이 나오는 것 중 말렸을 때

* 홍차와 어울리는 단맛이나 신맛이 나는 열매가 들어갔다.
* 대표적인 것이 모과, 돌배, 유자 정도였고 특이하게 한약을 지을 때는 마른 인동 꽃이 들어갔다.
* 일부는 당귀도 들어갔다, 인삼도 들어갔다, 대추도 들어갔다. 생강도 들어갔다 하는데 지리산에서 흔한 열매만 들어갔다.
* 당귀나 생강 등 뿌리 식물은 들어가지 않았다.

뿌리 식물을 언급하는 사람은 아마 육우다경을 인용한 것이 아닌가 싶다. 육우다경에는 온갖 약재가 홍차가 아닌 다른 차류에 부재료로 들어갔다. 나름대로 비율을 잘 맞춰서 차를 만들면 된다. 다만 우리 잭살에는 온갖 약재가 들어가지는 않았다는

것을 말하고 싶다.

잭살은 지리산다운 차다. 부자연스럽게 이것저것 가져다 붙인 차는 아니었다.

유추해 보면 사람들이 헷갈리는 부분도 한 가지 더 있는 것 같다. 요즘 너도나도 유자 쌍화차에 빠져 있는데 유자 쌍화차에 들어가는 재료와 유자잭살에 들어가는 재료와 혼동을 하는 것 아닌가 싶다. 유자잭살 안의 유자는 채를 썰어서 말려서 사용했는데 나는 유자를 통으로 넣게 되었다. 다른 재료는 옛것 그대로다. 잭살, 모과, 돌배를 이용한다.

유자 쌍화차에 한약재들이 많이 들어가다 보니 분명 전통 유자잭살과 혼동한 이유는 충분하다. SNS를 보면 유자 쌍화차나 유자 홍차를 가정에서 만들어 인터넷 관계망에 판매하는 사람들이 늘었다. 귀로 주워들은 것과 수십 년간 직접 해 본 것과의 차이는 확실하기 갈린다.

화개 토박이 누구에게나 물어도 잭살차에 뭘 넣어서 끓였냐고 물으면 같은 모두 같은 대답이다. "잭살, 유자, 돌배, 모과를 넣고 끓였지!" 서울 가 본 사람보다 안 가 본 사람이 더 똑똑하다는 것은 진리다.

유자잭살은 뿌리식물을 들어가지 않고 열매가 들어간다. 생강이나 당귀 등은 넣지 않았다

일쇄차와 쇄청녹차

일반적으로 사람들이 일쇄차와 쇄청녹차를 헷갈려한다. 일쇄차는 익히지 않은 발효차 홍차류에 속하고, 쇄청녹차는 익혀서 후발효를 하는 말 그대로 녹차류에 속한다. 엄밀히 흑차에 속하지만 처음 익힐 때는 녹차처럼 덖기 때문에 녹차라고 붙인다.

사전적 정의를 해 보면

* 일쇄차, 日晒茶 : 찻잎을 햇볕에 쬐어 말리다가 시들해지면 멍석이나 바닥에 깔아서 손으로 문질러서 찻잎 속의 물기를 빼내기를 반복하여 다시 햇볕을 쬐어서 완전히 말려서 완성하는 차. 예) 칠불사 잭살(홍차)
  ⇒ 홍차 만드는 방법과 같다.
* 쇄청녹차, 晒靑綠茶 : 신선한 생찻잎을 뜨거운 솥이나 증제를 하여 익힌(살청) 후 비비기(유념)를 거친 후 최종적으로 햇빛에 말린 녹차. 예) 보이차의 모차(흑차)
  ⇒ 쇄청차라고도 하는데 홍청녹차, 초청녹차, 증청녹차도 있다.

말은 비슷한 듯싶어도 완전히 다른 차다. 익히지 않은 홍차를 후발효 하는 그것과 익혀서 후발효를 하는 차는 완전히 다르다. 말이 비슷하면 천천히 만들어 보면 쉽게 이해가 되고 전혀 다른 분류의 차가 된다는 것을 알 것이다.

중국에서는 요즘은 보이차의 모차를 쇄청녹차라고 하지 말고 그냥 쇄청차라고 하자는 사람들도 있다. 찻잎을 금방 익혔을 때는 녹차처럼 보이기도 하지만 궁극적으로는 흑차로 변하기 때문이다. 녹차가 녹차로 존재하는 것이 아니라 색이 변하고 맛이 변하니 그 말도 수긍이 간다.

솥에서 덖어서 후발효를 하는 쇄청녹차

차를 빚는 사람이
글을 모르니!

우리나라 사람들은 차에 관한 한 우리 차를 하대하기를 아주 주도면밀하다. 이렇게까지 말을 하는 이유는 중국차 이름이나 중국차 제다법, 일본 차 등을 아주 많이 알고 있고 해박한 지식을 막 늘어놓는다. 좋은 말로 타산지석이라 하지만 그건 변명이다.

정작 우리 차에 대해서는 차의 분류법도 모르고 주워들은 잘못된 상식만 가지고 바르다고 우긴다. 우기면 당할 수가 없다. 그렇다고 다른 나라 차를 배제하라는 말이 아니다. 나도 일본 가루차를 마시고 대만 우롱차를 마신다.

하지만 늘 마시는 것이 아니라 가끔 내 차와 비교하고 선물 받은 차를 마셔 보는 수준이다. 같이 차를 마시자 해 놓고 보이차를 내어 주고 우롱차를 내어 주는 사람도 허다하다. 안타까운 일이다.

사람들이 일본 차를 배우러 가고 중국차를 배우러 간다. 물론 많이 배우고 와서 우리 차를 조금이라도 발전시키니 좋은 점도 있다. 하지만 꼭 덧붙이는 말이 있다. "우리 차는 왜 그렇게 발전하지 못했을까?"라며 의문 부호를 붙인다. 보고 듣고 맛보고 온 만큼 자신이 만드는 차를 발전시키면 되지 않나 하는 것이 나의 대답이다. 그 다음 안 해도 될 말을 한다. "우리 차는 역사가 짧아서!"

우리 차는 결코 역사가 짧지 않다. 문제는 글을 아는 사람은 차를 마실 줄만 알았고 차를 만들 줄 알았던 사람은 글을 몰랐다. 차를 마시기만 한 사람은 차 맛이 좋네! 나쁘네! 라며 신선놀음에 빠져 평가나 하고 차를 만들 줄 만 아는 사람은 글도 모르고 말도 못 하니 평가만 당했다.

진골이니 성골이니 하면서 하늘 사람 지하 사람 구분하듯이 차등을 두고 양반이니 노비니, 상놈이니 짐승 열 세우듯이 구분하여 철저하게 부리는 자와 따르는 자들로 나뉘었던 사회였다.

차는 먹는 자와 만드는 자의 간격이 있었고 진상용 차와 관용차로 구분이 되고 정작 뼈를 갈고 피를 넣어 차를 만든 사람은 한 주먹의 차도 숨겨 놓고 먹어야 했다.

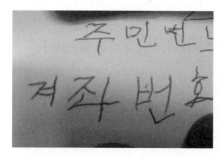
찻잎을 수매하면서 적어 주는 계좌번호 글씨

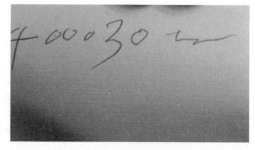
비밀스런 아라비아 숫자가 보이기도 한다.

대접받고 살지 못한 이런 시절에 차를 만들었다고 글을 쓸 수가 있나 숨겨두고 몰래 먹은 차를 맛있다고 적을 수 있나. 아주 단순하게 백차를 만들어 숨어 마시기도 했을 것이다. 찻잎 자체를 높은 양반들이 차를 마셨다는 말만 해도 당장 주리를 틀어 죽일 판에.

지금도 하동은 어딜 가나 차나무가 천지빼까리다. 그러나 게을러서 혹은 찻잎 따는 시기를 놓쳐서 늙은 찻잎을 딸 수밖에 없는 상황도 있고 잭살 비비려고 뒀던 차를 급한 상황이 생겨서 청차처럼 덖어 버리든지 백차처럼 말려 버리든지 하는 경우가 종종 있다.

사람 사는 세상이 내 맘대로 돌아가지 않는다. 차도 마찬가지다. 아무리 훌륭한 차를 만들려고 해도 갑자기 소나기가 오면 홍차용 차를 시들리다가도 비를 맞아 덖어야 하는 경우도 허다했다.

천년의 차 역사를 한 줄의 글로 확인하려 하지 말고 짧다고 실망하지 말고 지금부터라도 차 역사를 기록하는 것은 어떨지 감히 조언해 본다. 그것은 지금 차를 만드는 당신이 더 잘할 수 있다고 믿기 때문이다.

차꽃, 차 씨 등을 수매해 순 고마움으로 생닭 한 바리를
공장에 두고 가셨으며 쪽지도 같이 놓아두셨다

아니 온 듯 다녀가소서.
무인 무료찻집

나는 차 보시를 너무 하고 싶었다. 누구나 차를 먹게 하는 보시하고자 하는 마음을 늘 가지고 있었다. 차를 마시는 사람이나 만드는 사람은 진실하다는 것을 증명해 보이고 싶기도 했다. 젊은 날의 호기였고 친하게 지내는 차인들에게 입버릇처럼 말했다.

1992년부터 운영했던 찻집 원지당은 부산시 금정구 구서2동에 있었는데 여전히 정신적인 지주 역할을 해 주시는 우헌 선생님께서 전화를 주셨다. 한 달에 십만 원 하는 자그마한 가게가 나왔는데 무인 무료찻집 하기에 딱 좋을 것 같다고 와서 한번 보라고 하셨다. 냉큼 부산으로 달려가 보니 뒷골목에 조용하고 빌라도 많고 괜찮았다. 부산의 지인들에게 물어보니 다들 시간 나는 대로 가서 차도 마시고 내가 보내주는 물도 따라 놓겠다고 했다. 그렇게 차를 좋아하는 지인들과 연합 작전으로 무인 무료찻집이 문을 열었다.

2005년 6월 무인 무료 찻집답게 이름도 없이 간판도 없이 오전 10시부터 오후 6시까지 문을 열어 놓고 물을 채워 둔 찻집이 문을 열었다. 무인 무료찻집의 문을 여닫는 것은 건물 주인이 타조알 공예 가게를 옆에서 하고 있어서 같은 시간에 문을 여닫아 주었다.

나는 쌍계사 음양수를 일주일에 두 통씩 우헌 전각실로 택배를 보내면 선생님께서 운동 삼아 물을 채워 주셨다. 그리고 지금 부산 연제구 연산동에서 차랑재를 운영하는 김상명 씨는 내가 보내 주는 잭살과 초인목(덖음차) 차를 채워 주곤 했다. 또한 몇십 미터 앞에서 꽃집을 운영하는 친한 언니 부부가 내 집처럼 청소도 해 주고 차를 마시고 가고 했다.

남해에서 일주일에 한두 번 치료차 부산을 다니는 이상국 씨도 빠짐없이 한몫해 주었다. 그렇게 나는 차맛을 좋게 하는 쌍계사 금당의 음양수를 택배로 보내고 덖음차와 잭살을 보내면 부산에 사는 지인들이 나보다 더 열심히 가꿔 주었다. 동네 사람들은 낮에 와서 차를 마시고 쉬어다 가는 공간으로 탈바꿈했다.

하지만 무인 무료찻집의 환상은 8개월 만에 막을 내렸다. 겨울이 되자 어린 학생들이 추위를 피해 들어와서 탈선의 장소가 되어갔다. 할 수 없이 내 꿈은 본의 아니게 접었다. 그 무인 무료찻집의 이름은 "아니 온 듯 다녀가소서"였다.

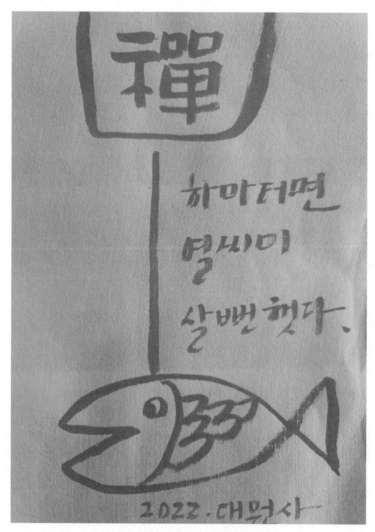

작년 대원사 스님께서 주신 멋진 선화

잭살 어떻게 만들어 묵었소? 1
– 화개면 목압마을 강경옥 여사

옛날 사람들은 감기가 많이 든께 우리 시아버님은 그냥 쏙쏙

요런 데 비벼서 만들어가 팍팍 끼리면 시커먼 먹물이 나오더만.

그걸 갖다가 인자 따라서 묵어

그 사까리(사카린)를 안 넣으면 맛이 없겠지. 뭐!

화개는 집마다 주전자가 있었는데 전부 새카메~~ 나무 때서 끓이다 보니.

낮이나 밤이나 여름이나 겨울이나 아침이나 점심 묵고 저녁때나 아무데나 끼리

묵었어.

종태 저거 집에 가 보면 그 할아버지가 그리 잘 잡사(잡숴).

산업화를 하고부터 집마다 솥단지가 걸리고 덖음차를 맹근께 호황기가 됐는디

그렇지만 녹차와는 달리 잭살은

쏙쏙 빚어갖고 우리 아버님도 우리 어머이가 우리 산에 가서 따 갖고 쏙쏙 비벼서

그래갖고 따뜻한데 딱 자리피고 딱 놔놔도 띄워갖고

그냥 놔뒀어 우리는.

뽀재기(보자기) 싸서 그냥 놔두었다.

인자 말리갖고 또 그늘에 말리.

그늘에 말리는 거 그러면 시커멓게 된다니.

그래 갖고는 해 놓으면 맛있어

목압마을 강경옥 여사

잭살 어떻게 만들어 묵었소? 2
- 화개면 용강마을 김숙희 여사

차이파리를 땄어 비벼갖고 비벼갖고

따뜻하게 쐬아서

딱 놔두면 하루 지나면 그게 돼 바로 돼.

바로 되면 인자 그걸 인자 말려갖고 방에다가 말리. 방에 말리멍.

= 방에 불 때서 말립니까?

아니. 아랫목이 따신데 놔둬요.

놔두멍 뜨! 뻘겋게 뜨!

인자 말려갖고 대리 갖고 인자 사까리 넣고 아침저녁을 점심때로 계속 먹어.

우리 아버님은

쌍계사 절 주지가 아버님 외삼촌이라.

쌍계사 절에 차가 많으니 날 잡아 거기서 비비고 말리고 해서 잭살을 만들어 절에서도 먹고 칠불사도 주고 절에 오는 손님한테도 주고 그랬어.

손영도 할아버지와 시아버지는 삼촌 조카사이라.

쌍계사서 만들은 차하고 칠불사서 만든 차하고는 같은 방법으로 맹글었어.

쌍계사 스님들은 칠불사에도 가고 머물고 했으니 같은 거라.

영도 할아버지가 주지였다 아닙니까? 그러면 1900년대 초반인데 외삼촌이니까

100년 전에 얘긴데 쌍계사가 주지하고 이제 할아버지 외삼촌이다. 보니 가서 거기서 차를 만들었는데 그때 만든 차는 발오차지 발오차(발효차지 발효차)

쓱썩 비벼놓고 그래갖고 해갖고 묵고 그랬잖에.

용강마을 김숙희 여사

잭살 어떻게 만들어 묵었소? 3
– 삼신마을 고 김복순 여사

감기가 든다. 목이 컬컬하다 그러면 그냥 데리묵어 그걸 끼비놨던 걸 데려 먹어.

근데 이제 절에서는 인제 주로 그것도 쓱썩 주전자에 그냥 오는 사람마다 영 따라 줄게.

끼리가 그렇게 말이 나온 거야. 진짜 그때부터 그런 거야.

그러면 전에도 있었다잉 전에도

그 전에도 있었신게 그리 묵제. 그러니께네.

원래는 여기는 인자 발효차가 홍차거든.

홍차 역사가 얼마나 오래됐는지 그제

오래됐어. 억수로 오래됐어 앞에부터 묵은 거야.

말하자면, 우리 할아버지 그 다음에 위에는 또 위에도 또 할아버지연 위에도

영도 할아버지의 증조 할아버지 정조할아버지 할아버지라.

할아버지랑 다 내려온 사람들 다 정직한 사람들이야 절 돈은 손에 안데.

그리 주로 이제 그런 비벼서 먹는 차는 절에서도 먹었고 절에서도 먹었다는 거는 바깥에서도 먹었다는 뜻이거든.

물 대신으로 그냥 해버리는데

말하자면 다른 어디 가면 사람들이 뭐 차 대접이라도 해야 된다 해갖고 왜 차를 주잖아요.

그런 식으로 인자 그 쓱쓱 끓여갖고 손님들이 오면 따라주었지.

삼신마을 고 김복순 여사가 사용하던 차솥

잭살과 황차

목압 잭살작목반이 형성되고 잭살을 만들면서 작목반원들에게 전통 잭살을 전수하는 입장이 되어 처음 제품을 내어놓았을 때 잭살이 황차인지 홍차인지를 두고 설왕설래했었다. 당시 전래하여 오던 잭살은 어느 집이나 만들어 쟁여 두고 먹었지만 상품화된 잭살은 없었고 덖음차는 없어서 못 파는 차의 전성기였다.

그러다 보니 잭살차의 분류를 해야 했고 한 종류의 차만 만들다 보니 제다원도 생각해 본 적도 없으니 회의는 많은 시간 이어졌다. 집에서 대충 만들어서 아무데나 시도 때도 없이 마셨던 평범한 것이 차로 만들어져 판매될까 하는 의문표만 가득할 때였다.

* 일부는 잭살의 우려진 차 빛만 보고 황차라 하고
* 한 팀은 차 빛은 외국 홍차 같은 색은 아니지만, 홍차와 황차의 중간쯤은 되니 홍차라고 그렇게 서로 우겼지만
* 결국 황차 쪽이 우세하였다. 그때 계속 우겼어야 하는데 그러지 못했다.

일제 강점기 때 만들어진 차그릇

목압마을 잭살작목반에서 시작된 황차 분류는 많이 잘못되었다.
미안하게도 잭살을 아직도 황차라고 하는 분들이 많다.

* 차 주문이 오면 "황차 한 통 보내 주세요" 이런 분들께는
* "어떤 황차를 원하세요?"라고 여쭤야 한다.

구절구절 묻고 확인해서 고객은 황차라 말하고 마시는 것은 홍차라는 것을 알고
잭살을 보내드려야 한다.

우리 잭살은 햇볕에 일부만 노출 시킨 후 실내에서 시들리기도 하고 온도와 습도
가 낮아서 차빛이 중국이나 동남아 생산 차보다 검붉게 나올 수 없다. 팔팔 끓여서
마시면 덥고 습한 지역의 홍차처럼 되지만 뜨거운 물을 부어 마시면 맑은 갈색 정도
밖에 되지 않는다. 황차는 황금 황(黃) 자를 쓴다. 갈색과 노란색은 엄연히 다르다.

분류법으로 보면 녹차보다 조금 짙은 색이다. 짙은 담황색이 맞을 것 같다.

　중국차 전문가들이 하동에 왔다가 황차 만드는 것을 보고 많이 비웃고 가는 것은 이제 알려진 사실이다. 그 사람들에게 한국 황차가 왜 궁금한지 물었더니 만드는 방식이 까다로워 요즘은 중국에서도 황차를 잘 안 만들고 찾는 사람도 없는데 한국은 황차 붐이 인다니 궁금해서 찾아왔다고 했다.

　창피하기도 하고 울화도 치미는 이런 일들은 비일비재했다. 나만 이상한 사람이었다. 다들 차만 잘 만들면 되지 차도 제대로 못 만들면서 쓸데없는 데 신경 쓴다고 면박도 많이 당했다. 보리를 보고 모두 쌀이라 하는데 나만 보리라 하니 참 우스운 일이긴 했다.

　많은 사연을 이고 우리 하동 분들이 전통 발효차에 대해서 알지 못하다가 차츰 알게 되었고 잭살차를 만들게 되었다. 벌써 많은 시간이 흘렀다. 이젠 세계에 내놓아도 부끄럽지 않은 차들이 즐비하다.

　특별한 이력이 없던 우리 전통 홍차 잭살. 홍차를 홍차로 보지 않는 것에 대한 울화는 생각보다 컸다. 수많은 가짜 황차들과 외롭게 싸웠다. 하물며 녹차 연구소에서도 황차라고 한 적이 있으니 아류 소설 같았다. 결국은 녹차 연구소에서 2016년도에 정확하게 "전통 발효차 잭살은 홍차로 분류한다"라고 공식적으로 선언을 하고 나서야 15년 체증이 내려갔다. 하지만 지금까지도 제다인이나 음다인이나 50% 이상은 황차라고 하고 있으니 어찌할까나.

3년 된 황차를 우린 모습

잭살 길
(jacksal-road)

요즘 여행 가는 지역마다 테마 로드가 많다. 쉽게 무슨 길에 영어를 붙여서 세련되게 부르고 있더라. 하동도 화개장터에서 지리산 장터목까지 잭살 길을 만들면 좋겠다.

요즘 온갖 로드를 붙인 것처럼 '잭살로드'도 괜찮을 것 같다. 19번 국도가 없던 시절에는 보부상들이 화개장터에서 잭살을 사서 신흥, 의신, 삼정을 걸어서 장터목에서 장을 펼쳤다. 장터가 지리산 능선에도 섰었다. 차마고도나 실크로드처럼 온갖 농산물이 좁은 길을 올라 산 중턱에서 열렸다니 상상하면 꿈의 거래소 같다.

특히 화개장터에서 잭살을 사서 지리산권 남원, 산청, 함양에서 장터목으론 온 보부상들과 물물교환도 하고 현금거래도 했다. 화개장터에서 언제부터 잭살을 팔았는지 모르지만, 남원, 산청, 함양 사람들도 잭살을 많이 먹었던 것은 확실하다. 박람회나 특별전시장 같은 곳에 잭살 홍보를 나가서 잭살 시음을 하다 보면

"엄마야! 이거 우리 어릴 때 엄마가 끓여 주던 맛이다"

이렇게 말하는 분들이 더러 있다. 반가운 마음으로

"집이 하동이세요?"

라고 물으면 대부분 산청, 함양, 남원 분들이다.

의신에서 삼정 가는 길의 천년 소나무

일부러 주변에 차가 많은지 집에서 차를 많이 사드시는지 물으면 이도 저도 아니다. 다만 잭살 맛을 알 뿐이다. 그런 경우를 보면 하동의 잭살이 지리산 고개를 넘어 남원, 산청, 함양까지 넘어가서 그곳에도 차나무를 심고 잭살을 만들어 먹었을 확률이 높다.

20년 전에 의신마을에서 삼정마을로 산책하러 가다가 87세의 꼬부랑 할머니를 만났다. 과장을 하자면 지팡이까지 짚고 거북이걸음으로 가셨다. 어차피 산책길이라 천천히 동행했다. 삼정에 있는 옛집의 텃밭에 들깨 털러 가는 길이라고 하셨다.

"할머니, 옛날에 찻길이 없을 때는 삼정에서 화개장터까지 어떻게 가셨어요?"

"정때(정오 넘은 시간) 점심을 묵고 산길(의신 옛길)을 걸어서 걸어서 갔재!"

"산길을 걸어서 그리 먼 길을 하루 만에 다녀오려면 바빴겠네요?"

"아이라. 머리에 산나물도 이고 고구마도 이고 돌배도 이고 닭도 한 마리 이고 가다 보면 무거워서 빨리 못 가. 문턱바구(신흥과 모암 사이의 매우 험한 바위 산길) 넘을 때쯤이면 어두워서 모암마을에서 하루 자고 새벽에 화개장터까지 가서 장을 봐서 삼정까지 오면 어둑어둑해"

"뭘 사 오세요?"

"간갈치 사고 잭살도 사고 고무신도 사고 돼지비계도 사! 머리에 이고 갔던 것들하고 바꾸기도 하고"

"잭살은 왜 사셨어요?"

"삼정은 잭살이 안 나니까 몸살 나면 먹으려고 샀재. 배 아파도 끼리 먹고 감기와도 팍팍 끓여 먹었는데 설사에는 최고여. 설사가 딱 멈춰"

"산중에서 간갈치 구워 먹으면 얼마나 맛있었을까요?"

"아이고 내 입에 들어갈 게 있나? 시부모님, 시할매, 우리 새끼들, 남편…. 갈치 매달아 온 새끼줄에 갈치비늘이 하얗게 묻었거든. 잭살물에 갈치 비늘 묻은 새끼줄을 빨아서 그거라도 끓여 먹으면 그것도 행복했재. 그때는 그 비린내 나는 잭살물이 그렇게 달고 고소하게 느껴져서 꿀맛이다."

"잭살은 얼마나 사 오세요?"

"한 되도 사고 두 되도 사고 댓박으로 샀어. 남자들이 장에 가면 콩 자루로 사와서 저쪽(남원, 함양, 산청) 사람들 넘어오면 팔기도 했지"

의신옛길은 지금도 호젓하다

서산대사가 앉았다는 의신옛길의 돌의자

15

22년간의 기록

잭살의 산패와 부패 사이

띄우기는 쉽게 말해서 생채기를 입은 찻잎이 산화가 잘되게 하는 과정인데 온도 변화와 수분 제거에 신경을 써야 한다. 이것은 소량으로 할 때는 큰 문제가 없지만 수십 kg 이상일 때는 어려운 문제다. 잭살도 홍차에 속하니 차가 되어 가는 과정이 쉽지 않다. 전통식은 차가 완성되는 속도가 일정하지 않아서 실패도 많다.

* 1차 유념하고 1차 비빔을 하고 띄우고 2차 비빔을 할 때는 어느 정도 수분이 제거되어야만 발효가 잘 일어난다.
* 그대로 2차 비비기를 할 때 때 찻잎에 수분이 남아 있다면 차의 변질이 되기 쉽다.
* 차의 수분이 많이 남은 채로 계속 띄운다면 밥처럼 쉬어 버린다.
* 찻잎에 잔여 수분이 있는 채로 낮은 온도에서 띄우면 곰팡이가 피고 역한 냄새가 난다.
* 찻잎에 수분이 처음부터 너무 없으면 산화가 잘 일어나지 않아서 발효가 잘 안된다.

홍차 발효의 기본은 띄우고 비빌 때마다 수분이 조금씩 제거되어야 한다. 과정이 좋으면 좋은 차가 완성된다. 복습해 보면

* 수분이 1차 비빔에서 제거가 된 후 띄우고
* 2차 비비기할 때 수분을 제거하고 띄우고
* 3차 비비기도 할 때는 수분을 그대로 두고 비벼서 차를 따독따독해서 띄우되 원하는 발효 정도를 잘 지켜본다. 좋은 차, 안 좋은 차, 원하는 차 등을 이때 판단한다.
* 습도가 높아서 수분이 제거되지 않고 꿉꿉한 냄새가 난다면 얼른 띄우기를 중단한다.
* 최대한 빨리 차를 말린다.

구한말 청자찻잔

잭살 차회-2023년 세계 차 엑스포 성공 기원

2023년 2월 8일 하동 대렴차문화원 김애숙 선생님과 저녁을 한 끼 하면서 지나가는 말로 "선생님! 신년 차회 한번 합시다. 근데 숙제가 있습니다. 외국 홍차 말고 우리 홍차 잭살로 예!" 했더니 며칠 뒤 바로 답을 주셨다. 사나흘 뒤 20여 명만 초대하여 대렴 차 문화원에서 차회를 여시겠다고 하니 너무 황송하였다.

다경원 현판

차회 전체 모습

잭살차회를 다경원에서 개최함

김애숙 선생님은 하동의 차를 고급의 문화로 얹어 가시는 유일한 분이다. 제다인과 다도인과 별개로 차의 세계를 다분야에서 저분만큼 아시고 챙기기가 쉽지 않다. 오늘날 하동을 차의 본향으로 이끄신 역량은 김애숙 선생님의 차 사랑과 고집과 괴팍스러울 정도의 집념 결과가 아닌가 싶다. 차 문화 분야만큼은 우리나라에서도 손에 꼽힐 실력자라는 것은 누구도 부인하지 않을 것이다.

그렇게 김애숙 선생님은 2023년 신년 차회를 손수 찻그릇 닦고 꽃도 꽂으시고 성대하게 열어 주셨다. 몇 날을 고생하셨다는 것을 말로 하기도 미안했다. 모름지기 차는 향, 꽃, 그림과 혼연일체가 되어야 그 자리가 빛난다. 다석화에도 조예가 남다른 김애숙 원장님의 손끝은 꽃에게도 마법의 시간을 열어 주었다. 향완에 향 한 자루 사르고 구석구석 놓여 있는 꽃꽂이와 그림과 잭살 홍차 잔치. 우리나라 전통 홍차로 연 잭살차회는 처음이었을 것이다. 이번 차회에는 특별히 거문고 악사이신 율비 김근식 선생님께 부탁하여 〈천년만세〉 등 몇 곡을 부탁드렸다. 김애숙 원장님은 다식도 우리 전통만 준비해 주셨다. 문하생들의 솜씨도 많이 발휘되었다.

잭살차회용 다식들과 다구

대렴차문화원(다경원)에서 열린 전통 홍차 잭살 차회에는

* 찻자리 제목 : 하동 전통 홍차 잭살의 세계화와

  2023년 하동 세계차엑스포 성공을 기원하다.

* 일시 - 2023년 2월 15일 14시~18시(음력 1월 25일 용의 날)

  일진 :잎이 돋아나고 만사형통의 날

  이날은 대렴차문화원 김애숙 원장님의 스승이신 화정 신운학 한국차인연합회

  고문님이 타계하신 날임

* 장소 - 다경원. 경남 하동군 하동읍 섬진강대로 2764

* 가옥구조 - 전통식 한옥

* 찻물 - 쌍계사 금당 음양수를 사용. 음수 2 : 양수 1 비율

* 홍차 - 소암잭살(1창2기), - (2022년 6월 초의 찻잎)

* 홍차 잔 - 덴마크 로열코펜하겐

* 향 - 침향 (베트남산), 남해 금산 향단(난향)

* 향합, 향로

* 찻잔 - 신라 토기 잔, 고려청자 잔, 조선 찻사발

  김해 분청다완, 하동 세미 골 분청다완, 고전면 진지요(홍성선), 하동 길성

  요, 정재효(작가요)

* 차그릇 - 행복다완, 입학다완, 분청·백자·순백다완

* 차주전자 - 탕관(조선 시대), 탕 솥(조선 시대), 화로(조선 시대)

* 차 도구 - 김해 토광요(배종태작) 진사, 신현철작(물항아리), 신현철작(이슬 차다

  관) 진사(홍재표작)

* 찻사발 감상 - 정호요 김만제 선생님 - 입학 찻사발

토광요 故 배종태 선생님, 故 신정희 선생님, 故 홍재표 선생님 찻
사발

연파 신현철 선생님(찻잔, 물항아리), 산청요 민영기 선생님 찻사
발, 고전면 진주요 홍성선

* 유물 감상 - 신라 토기 잔, 조선 시대 화로, 고려 시대 찻사발, 탕속, 탕관, 향로,
향완

* 다식 - 광양 수제 고비단(떡 전문점)

주악 : 대전 허브앤티

금귤 정과(김애숙 원장)

수미도예꽃차(광양 정희숙작)

기타 한과, 꽃 절편, 누가, 개성약과, 개성주악, 수삼 정과, 케이크

* 찻자리 꽃 - 재료 :동백, 산수유, 버들강아지, 홍매화 등

동양식 테이블 다석화 2곳

서양식 테이블 다석화 2곳

다석화 제목 : 世界一花

* 차탁 - 긴탁 - 서울 박 목수 작

원탁(유럽식 원탁=왕벚나무 방아 탁자, 제주도산 함지)

* 차 의자 - 박 목수 작(강원도산 소나무)

* 음악 - 율비 김근식 연주 거문고 정악(천년만세, 옥 보고의 남해곡(創 作曲), 화
랑곡(創 作曲)

* 그림 - 고전 민화(상치도 - 장끼와 까투리)

* 한시 - 남기철

간편하고 우아하게 장식된 다구들

중정(中正)의 정신으로 꾸며진 간결함

* 참석인원(무 순서)

김애숙 : 대렴. 차 문화원장

조유나 : 전 하동자유총연맹

이정춘 : 금융학박사, 글로벌 금융판매 행복키움지사 대표

정희숙 : 수미도예 꽃차

유성란 : 세브란스 병원

황재웅 : 대한민국 법원

조윤실 : 티앤허브 대표

김경남 : 티마스터

이쌍용 : 법향다원 대표

모수경 : 거제 모수경 천연염색 갤러리 대표

정소암 : 다오영농조합법인, 찻잎마술 대표

조영덕 : 다오영농조합법인 회장

정선화 : 하동차 박물관

홍순창 : 경제학 박사, 화개제다 대표,

이순자 : 거제 장수굴밥 대표

남기철 : 시인

김근식 : 거문고 연주자

황동규 : EBS 감독

배윤경 : 박현오 갤러리 큐레이터

강경철 : 하동군

양미숙 : 전 교사

찻자리에 함께 우리 차를 사랑해 주시는 분들께 마음 모아 인사드리고 김애숙 원 장님께도 고마움을 전한다.

잭살다회를 개최하면서 많은 수고를 하신 대렴차 문화원장님께 감사

차 산업 발전에 관한
법률안과 뒷이야기

우리나라가 차 산업 발전 및 차 문화 진흥에 관한 법률이 2015년 1월 20일 공포되었으며 차 산업 발전 및 차 문화 진흥에 관한 법률 시행령은 2022년 2월 17일 공포가 되었다.

2013년 1월쯤인지 확실하지 않지만 하동, 화개의 생산자협의회 회장님이 저희 다오영농조합법인의 공장을 방문, 의논하였는데 그 내용인즉 무주, 진안, 장수지역 국회의원인 박민수 의원의 대표 발의로 한 차 산업 발전 및 차이용 촉진에 관한 법률안에 관한 내용의 초안이었다.

처음 다오영농조합법인에 건넨 그 내용을 보니 전혀 다듬어지지 않은 초안이었으며 이 내용을 가지고 약 보름 정도 깊고 치밀하게 검토하여 초안을 수정한 후 협의회 회장님께 드렸다. 생산자협의회 회장님은 2013년 6월 전국의 차 농민 단체장 등 8인과 함께 국회의장 면담을 했고 한참 동안 시간이 흐른 후 드디어 국회에서 2015

년 1월 20일 이 법이 공포되었고 많은 차 농민들은 들떠서 자축하였다. 많은 분이 수고하신 것으로 알고 있다.

이에 두 달 후 2015년 3월 13일 광주 "자생원"이라는 곳에서 전국 茶 중앙협의회가 주관하는 차 산업 발전 및 차 문화 진흥법 시행령, 부령 준비 관련 사항에 대해 협의를 하게 된다. 이때 하동에서는 다오(DAO) 대표 등 두 사람이 참석하여 각각의 의견을 개진하였다. 그때는 한국 茶 생산자연합회는 불참하였는데 두 단체와 어떤 문제가 있었는지 자세히 알지 못한다.

이후 2015년 5.7일 보성군청에서 한국 차 산업 및 차 문화 진흥을 위한 심포지엄이 개최되었고 이 자리에는 역시 하동에서는 우리 외 2명이 참석하였으며 다른 하동 사람을 보이지 그날도 보이지 않았다.

이후 전국의 쟁쟁한 차 생산자, 가공업자 등이 모였으며 이후 몇 차례 수정과 제의를 받아들여 마지막 의견수렴을 하였으며 또한, 하동녹차연구소에서 하동 지역의 차 농업인에게 시행령안을 취합하여 중앙에 올리는 형식을 취하게 된다.
안타깝게도 하동은 그때 여기에 관심을 가지는 분들은 그리 많지는 않았지만 작은 씨앗이 되는 맘으로 나름대로 노력을 하였었다.

처음 다오(DAO)에서 법률안 초안을 가지고 검토한 사항은

1. 이 법률안이 세계의 차 법률안과의 비교검토 후

2. 행정의 입장보다 다농인(茶農人)의 입장에의 시각은 어떤 것이 있는가.

3. 세계의 차와 한국의 차에 관한 세계 경쟁력은 어떻게 이겨내어야 하는가.

4. 품질의 고급화와 문화가 격상되는 과제를 가지고 검토를 하였다.

먼저, 이 초안을 검토하면서 아는 지인이 일본에 있어서 그곳의 차에 관한 법률안과 지방의 차에 관한 조례안 등을 보내 달라고 하여 번역을 한 것을 국제 등기로 받아 비교 검토하고 그 나라에 존재하지 않은 내용을 위주로 이곳 농민들의 상황 등을 살펴서 건의 사항을 작성하여 건의 하였다.

현재 이 법률안을 보면 외국의 차에 관한 법률안과 많은 차이를 느낄 수 있는 것이 전국의 이 부분에 관심 있는 차 농업인들의 관심과 토의의 결과가 아닐까 싶다. 시간이 지나면서 여러 차례 전국의 차 생산자, 가공업자의 열띤 토론의 결과물이 서서히 드러나게 되었다.

이후 한국 차 중앙회는 모든 문구를 취합하여 올렸으며 법률안의 최종 내용과 격정되는 내용이 있는데 그 바뀐 예를 몇 가지 들어 보겠다.

* (초안)

차(茶)란 식물의 잎, 뿌리 또는 과실 등을 가공한 것으로서 대통령령으로 정하는 것을 말한다.

(공포)

"차"란 차나무의 잎 등을 이용하여 제조한 것으로서 대통령령으로 정하는 것을 말한다.

내용: 초안대로 정한다면 쑥차, 생강차, 대추차, 인삼차 등 모든 대용차가 차의 정의에 속하게 된다.

차를 카멜리아 시넨시스라는 글자가 삭제되었으며 하동 지역의 대표는 학명을 넣도록 건의하였으나 그 문구가 제외됨(이 부분을 두고 30분 동안 왜 이 문구가 들어가야 하는가에 대해 건의했으나 받아들여지지 않았다 함).

* (초안)

농림수산 식품부장관은 차를 활용한 식품의 우수성을 홍보하기 위하여 새로운 조리법을 보급하고, 차와 관련된 식품의 조리와 가공 등에 필요한 교육을 실시할 수 있다.

(공포)

그 밖에 차 산업 관련 연구 및 기술개발

내용 : 이 부분은 하동의 찻잎마술을 경영하는 대표로서 이 부분을 중요하게 생각하였으나 좀 더 포괄적인 부분으로 변경됨.

* (초안)

초안에는 없는 부분을 건의하였으며 그것은 차밭 경관을 위한 조성지원

(공포)

받아들여지지 않음.

내용: 차밭의 경관을 위한 농촌관광 활성화의 일환으로써 건의하였으나 받아들여지지 않음.

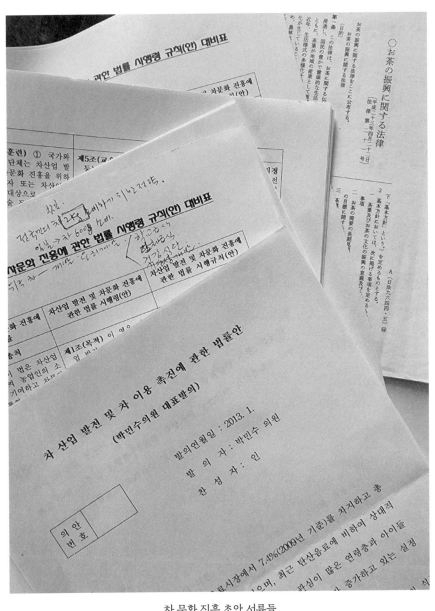

차 문화 진흥 초안 서류들
차산업 발전법안을 2주 동안 검토

법률 시행령

*(초안)

그 밖의 차나무의 잎을 이용하여 제조한 차류 및 이를 함유한 혼합 차류(현미녹차 등)

(공포)

- 차나무의 잎 등과 다른 곡물 등을 혼합하여 제조한 차
- 그 밖에 차나무의 잎, 열매 또는 꽃 등을 이용하여 제1호 또는 제2호에서 규정한 제조 방법 외의 방법으로 제조한 차

  내용 : 처음에는 차 열매, 차꽃 등의 내용이 없었으나 다오(DAO)에서 건의하여 이후 공포됨으로서 앞으로 차꽃, 차 열매가 차의 종류에 속하게 되었으며 이는 다른 나라에도 없는 독특한 내용으로 제정되었고 경제적인 부가가치가 있는 다양한 차꽃, 차 씨앗의 제품개발이 발전되고 세계로 진출할 가능성을 염두에 둔 건의 사항이다.

15-4

차의 속살 잃은 천년

지금까지 한국의 차는 세계적인 차로 추세로 봤을 때 우리 한국의 차밭은 버려진 천년의 차밭이라고 할 수 있겠다. 천년 동안 전혀 움직이지도 않았고 문헌에서도 잘 나와 있지 않았다. 수많은 차의 발전은 높낮이 없이 꾸준하게 평탄하게 이어져만 왔다. 이제는 하동의 차가 세계적으로 날개를 펴고 뛰어나가기 위해서는 어떻게 해야 하겠다는 철저한 기획이 앞서야 한다.

우리 문헌을 찾아보아도 차를 따고 만드는 방법을 제시한 제다인의 자료들이 남아 있어도 몇 문서 남아 있지를 못하였고 항상 지시를 받는 처지에서의 제다는 시키는 대로 하였겠지만 국가에 차를 공납 후 남아 있는 늦은 차밭과 찻잎을 어떻게 관리, 제조하였는지에 대한 자료가 제다인이 적어 놓은 자료가 없어서 못내 아쉽다.

22년 전의 부끄러운 기록들

　20년 넘은 일들이라 기억에만 의존하다 보니 자료가 신통찮아서 오래전의 목압마을 카페를 찾아서 글 몇 개를 간추려 봤다. 더하고 빼고 할 것 없이 그대로 올리니 어설프지만, 나의 30대 초반을 바라보게 되었다. 나름 차에 대한 사랑이 지금보다 젊은 만큼 여름날 화개동천의 은어의 팔딱임 같다. 넘치는 감정도 있고 모자라는 서정도 있다. 이해하실 것이라 믿고 수정하지 않고 그대로 옮겨 본다.

　목압마을 잭살을 소개한 카페에 몇 개의 기사도 같이 올린다. 목압마을 잭살을 있게 한 동지들과의 진한 동지 같은 추억도 함께 느끼며!

소암의 잭살일기

* 답 글 하나

자료를 올려 주셔서 매우 매우 감사합니다.

님의 맑은 웃음이 생각납니다.

몇 가지 수정할 게 있어 미안한 마음으로 글 올립니다.

새로 이사 온 주민을 위해서.

가능하면 중국식의 위조라는 말보다는 우리 차이니 우리말로 시들리기로 말씀해

주시고

햇빛 시들리기와 그늘 시들리기의 순서가 틀렸습니다.

그늘 시들리기가 먼저입니다. 헷갈렸죠. 처음은 다 그렇답니다.

내년에는 더 확실히 하실 수 있을 거예요. 파이팅!

* 4년 전 만든 잭살을 맛보다

민들레 홀씨 되어 정소암 2001. 8. 11.

4년 전 가을날 혼자 사부작사부작 만들어 두었던 잭살차를

꺼내 우려먹어 보았더니.

그때 그 감동은 사라지고

탕 빛은 보이차에 가깝고 향은 사라지고

맛은 달기만 하였다.

하지만 잭살은 잭살이었다.

두어 잔 들어가니 속이 뜨근뜨근!

후회막심!

왜냐구요? 펑크 난 비닐봉지에 그것도 실온에

두었거든요.

해 좋은 날 햇빛에 잠시 말려 습기를 제거하고

다시 한 이틀 숙성시키면 괜찮을 것도 같은데.

그리고 3년 전, 2년 전에 먹다 남은 차와

섞어서 먹어도 맛이 상당히 좋을 것 같다는

생각도 해 봅니다. 화개골의 전통차인 잭살은

녹차와는 달리해가 지나도 보관만 잘한다면

특유의 약효나 맛은 지니고 있다는 것을 증명한 셈.

화개 전통차 잭살 만만세!!!

* 가을, 겨울. 잭살차 민간요법!

민들레 홀씨 되어 2001. 8. 27.

며칠 동안 비운 집을 오전에 둘러보니

제일 먼저 꽃들이 변했습니다. 봉숭아 나무도 시들시들,

분꽃, 메리골드, 고추, 가지나무도 가을을 이미

타고 있네요. 어렸을 적에 감기에 걸리면 훌훌 마셨던 약

한 사발. 그 맛이 그리워 얼마나 애탔는지 아무도 모를 겁니다.

그렇게 보리차 대신 먹던 차를 저희 어머니도 이제는 비비지 않으니

안타까웠지요. 겨울이면 오빠들 따라 개울가에 나가

썰매 타는 일 외엔 할 일이 없었지요. 산중 해가 일찍 저물면 집으로

들어온답니다. 그 꼬락서니는 형편없지요.

콧물은 인중을 타고 입속으로 줄줄. 손발은 동상 직전, 살얼음은

왜 그리 잘 깨지던지.

재채기에 몸은 오돌오돌! 혀를 끌끌 차던 어머니는

노란 두되 자리 주전자에 잭살 한 주먹 넣고 똘배 넣고

모과 넣고 끓여 오신답니다. 그러면 우리 친남매는

주전자 주위에 빙 두러 앉아 얼굴이 데지 않을 정도로

찻김을 쐽니다. 한 10분 지나면 콧물 뚝, 아프던 목도 부드러워지고,

재채기는 어김없이 멈추었지요. 식은 차주전자를 다시

들고 나가신 어머니는 뜨겁게 끓인 차를 한 사발씩

따라 주시며 땀을 내라 하십니다.

다음 날 아무렇지도 않은 것은 물론, 우리는 다시 썰매를

들고 개울로 나갑니다. 그날 저녁 엄마나 우리나 어제와 똑같은

모습으로 겨울밤을 맞이하였답니다.

빨간 버스 두 대만 오가던 시절, 병원은 고등학교 2학년 때

처음 기억이던 우리 화개골 30여 년 전의 풍경입니다.

지금은 보건복지 법이다 뭐다 해서 이런 말 하기도 두렵지만

분명 화개골 토박이에게는 잭살이 만병통치약이었어요.

지금도 나와 내 딸은 감기 때문에 병원 간 사실은 없으니.

과일 껍질, 약초들과 같이 달여 마시면 더 큰 효과가

있습니다. 목감기에는 모과, 배앓이에는 배, 위장장애에는 무,

두통에는 인동꽃이나 들국화 등 함께 해서 좋은 것도 주위에

많습니다. 화개 잭살이 최고여~

* "잭살" 차(茶)를 아십니까

홍예원 R-인터넷뉴스부 부장대우

7won@imbc.com

우리 조상은 차를 어떻게 마셨을까.

한마디로 차가 생활 음료이자 만병통치약이었다고 볼 수 있다.

최근까지도 민가에서는 - 적어도 차나무가 재배되는 지역에서는 - 차를 만들지 않는 집이 없었다고 한다. 이것은 어디까지나 차가 점차 기호식품으로서 당나라에서 성립된 다예(茶藝)로 포장되면서 왕실이나 귀족의 전유물이 되다시피 하거나 아니면 절에서 잠을 쫓고 머리를 맑게 하려고 성행했던 것과는 다르다. 백성들의 고단한 생활 속에서 우러난 자생적인 차(茶) 이용법인 것이다.

그것은 지리산 차 생산지가 고향인 주민의 입을 통해서도 어렵지 않게 그려볼 수 있다.

지리산 자락의 민가에서는 1970~1980년대까지만 해도 1년 치 가정상비약으로써 차를 만들었다고 한다. 그리고 가족들 가운데 배가 아프거나 슬슬 몸이 떨리면서 재채기가 나올라치면 물에다가 차와 인동꽃 돌배 그리고 모과 등을 넣고 끓여서 마신 후 뜨뜻한 아랫목에서 자면 몸이 풀어지곤 했다고 회상한다. 그뿐만 아니라 심한 배앓이와 두통 설사 그리고 감기가 돌 때도 가족이 둘러앉아 차를 한 대접씩 마셨는데 효과가 있었다고 한다.

그도 그럴 것이 수명이 최고 1300년이나 되는 차나무의 생명력은 당시 병원이나 약국 구경은커녕 한약재 한 첩조차 구하기 힘들었던 어려웠던 시절 사람들에게 커다란 기대를 주었던 게 사실이고 어느 정도는 이를 충족시켜 주었다.

농경 시대가 시작된 이래 우리의 주거 양식이 거의 달라진 것이 없다는 것을 고려한다면 차를 끓이는 용기는 당연히 무쇠솥 등일 것이고 (현대적인 영양학을 고려한다면 차에 들어 있는 비타민 C는 다 파괴되었을 것임) 그릇은 사발이거나 뚝배기였을 것이다. 우리가 차를 생각할 때 우선 아름다운 곡선의 도기 주전자와 잔 등 다채로운 다기(茶器)를 떠올리는 것은 차에 대한 관념을 "선가풍(禪家風)의 차" 등으로 윤색시켜 한쪽만 보아왔기 때문일 것이다. 그러나 다른 한 편에는 포장되지 않은 차문화(茶文化)의 건강함이 오롯하게 버티고 있었다.

* 전통의 재현 – "잭살차" 잔치

이렇게 해서 모습을 드러내는 "잭살차"는 어떤 것일까. 솔직히 이 상황에서는 생활이 무시된 다도가 끼어들 수가 없다. 당연히 찻잔으로는 우리 조상이 편하게 마시던 "뚝배기". 그래서 관계자는 용도에 맞도록 크기를 조금 줄인 그릇을 특별 주문했다고 한다. 그래서 오는 9월 14일부터 16일까지 사흘 동안 지리산 화개골에 있는 자생 차 단지인 목압(木鴨)마을에서 처음으로 "잭살차" 잔치를 연다(http://cafe.daum.net/7tea).

여기에는 다소 번잡해 보일 수도 있는 다도 절차가 없어진 것은 물론이다. 작은 잔에 여러 번 따라서 홀짝홀짝 감질나게 마실 필요가 없고 때에 따라선 볼이 미어지도록 꿀꺽꿀꺽 마실 수도 있을 것이다. 참여자들이 직접 차를 만들어 보기도 한다고 하니 분위기는 한 폭의 그림 같은 선사의 풍경과는 거리가 멀 것으로 보인다. 이러다간 절제된 멋과 담백한 맛의 결정체로 승화시킨 차의 품격을 "막걸리" 수준으로 떨어뜨린다는 일부 다도 애호가의 비판을 받을지도 모르겠다.

그러나 이 작업을 처음부터 시작해 온 〈향기를 찾는 사람들〉의 박희준은 말한다. … "중국 일본" 차의 태풍 속에서 어렵게 살려낸 "우리 맛과 멋"이라고. 그리고 "전통 차 없이는 전통 다도(茶道)가 없다고".

*목압마을 잭살잔치 세부 일정

대략적인 행사 일정입니다.

궁금한 사항이 있으시면 리플 문의 바랍니다.

약간의 변경사항도 있을 수 있겠지요.

14일

동네잔치 – 동네 어른들을 모시고 주민들과 함께하는
자리입니다. 먼저 온 도우미들도 함께할 수 있겠지요

15일

1. 솟대 세우기 – 점심 후
2. 민박 배치
3. 저녁 본행사

   길놀이

   운수선차

   茶舞 다무

   茶詩 차시

   택견

   사물놀이

판소리

　4행 사후 – 끼리끼리 차 한자리

목압마을에 있는 여러 다원(찻자리에서 즐거운 자유시간)

5. 목압마을 카페 회원들의 정기모임

16일

1. 아침식사

2. 산행

　불일폭포

　쌍계사

　국사암 코슨

3. 차 유적지 답사

　차 시배지

15~16일 상설코너

목압마을 내지는 화개골의 특산물과 작품들 전시 판매

1. 지역특산품 – 밤, 매실 액기스, 토봉, 양봉, 쑥차, 똘배, 모과 등.

2. 차 도구 전시

3. 목공예전시

4. 다기 전시

5. 대용차 시음장

6. 잭살차 시음장(열탕, 냉탕, 약탕 등 세 코너)

* 가까이하기엔 너무 먼 차

민들레 홀씨 되어 정소암 2001. 9. 10.

개인적으로 차를 꾸준히 먹어 온 사람들도

제다인들과 차를 나누면 "다도를 잘 몰라서."

라는 이야기를 자주 듣는다.

다도란?

글쎄, 목으로 넘어가며 느껴지는 아리싸리한

그 맛! 관자놀이가 시원해지면서 속으로 쑤~욱 하고

내려가며 내 마음이 편해지면 그게 '다도' 아닐까?

여러 사람은 "행다"(다례 : 차 예절)를 다도라고 말한다.

고급스런 행동과 다르게 차를 마시는 일이

"오만과 거만"의 산실인 양 차를 마시는 다인들 이 더러

있다. 차를 만드는 사람들에게 가장 슬픈 부분이다.

차가 건강식품으로 자리 잡아 가면서 차를 꾸준히 마셔야 할

필요가 있는 분들도 "다도를 몰라서…"라고

이야기한다.

마시고 싶고 건강을 생각해서 장기 복용을 해야 하는

사람들에게 차는 너무나 멀리 있다.

차를 대할 때 들여 마시는 그 향으로 머리를 맑게 하고

속을 다스리고 기분이 조용해진다면 그것이

다도가 아니고 무엇일까?

화가 났을 때, 우울할 때 차 한잔 마시고 나면

그 얼마나 편해지던가?

"다도란 없다. 다만 차안에 내 마음만 있을 뿐이다."

라고 말씀드리고 싶다.

언제 어디서나 먹고 싶을 때 물과 그릇과 불만 있으면

내 정신의 고향이 될 수 있는 차를 먹을 수 있는

권리가 우리에게 있다.

몸속의 탁한 마음을 숨긴 채 세상에서 가장 아리따운

모습으로 차를 마시는 것처럼 추하게 보이는 건 없다.

내 생각이지만.

차를 만드는 사람들은 차를 사랑하고 차가 필요한

사람들을 위해서 정말 열심히 쇄신하려 한다.

소수의 고급을 위해서 차를 만들지 않는다.

모두를 위해서이다. 문화유산을 위해서는 고급도 필요하다.

다만, 정말 행동과 정신과 가슴이 일체가 되는 고급을

만들어나가야 한다. 역사를 만들어나가는데 제일 먼저

필요한 부분일 것이다.

* 나왕 케촉을 아십니까 _ 류시화 글의 일부를 옮깁니다

2002. 4. 23.

그의 음악에는 티베트의 아픔과 인간의 존엄성에 대한 경의가 담겨 있다. 시와 노래와 감동적인 예술은 어려움과 가난을 먹고 자란다던가. 나왕의 음악은 중국의 침략으로 아픔을 겪는 티베트의 통곡과 아픔을 겪는 모든 이들의 신음 소리를 대변한다. 그 때문인지 나는 그의 음악을 들으면 뜻 모를 통증을 느낀다. 영혼의 명현 현상(치유되기 위해 거치는 통증)인가. 그의 음악이 좋은 스승 밑에서 피나는 노력으로 일구어내는 음악과 다른 점은 이 때문이다. 그의 음악을 예술적 감흥이나 미학적 견지에서 파악한다는 것은 불가능하다. 영적이고 근원적인 생명 논리에서 파악할 때 비로소 그 진가가 나타난다.

http://nawangkhechog.com, http://nawangco.kr

* 드디어 목압마을 잭살 비비기 작업 중

민들레 홀씨 되어 정소암 2002. 4. 26.

햇살이 따가워진 요즘.
덖음차는 대충 줄이고 드디어 발효차 만들기에 들어갔습니다.
하지만 얼마나 힘든지. 아마 여러분은 짐작도 못 하실걸요?
잠을 못 자게 하거든요.
이곳에서 일명 생차라고 불리는 제다법인데

온도, 습도, 바람, 햇빛의 영향을 얼마나 받는지 모른답니다.

제가 더러 그런 말을 하죠.

하늘이 내린 날씨에 제대로 만들어지는 차라고.

언제 어디로 튈지 모르는 성질이라 잠을 참아야 합니다.

시간마다 체크해야 하거든요.

제가 추구하는 맛은 향미가 조금 떨어지더라도

자주 비비고 만져서 부드러운 맛을 가지게 하고 있답니다.

그래야만 시간이 지나도 변질보다는 더 부드러워지니까요.

목압마을의 대표 주자(?) 잭살이 더 따뜻하고 맛있는 차가

만들어지게끔 여러분 기도해 주세요.

저는 열심히 비비고 떨고 향내고 하겠습니다.

아침이지만 며칠째 잭살 보살핀다고 설친 잠 때문에 눈꺼풀이 무겁습니다.

좋은 하루 보내십시오. 바이러스 조심하시고요.

* 귀한 인연! 나왕케촉을 모시고 작은 음악회를

민들레 홀씨 되어 2002. 4. 25.

중국으로부터 독립을 위해 음악으로 온 세계를 누비며
티베트를 알리는 자유주의자. "나왕케촉"

아무리 맺어진 인연이지만

쉽게 이 산골에서 하룻밤 묵어가실 수 있다는 것은 목압마을의 영광입니다.

요즘 마음이 들떠 있습니다.
그분이 오시면 어떻게 해 드릴까부터
누구에게 알려서 그분의 음악을 듣게 할까.

하지만 호텔 생활만 하시는 "나왕케촉" 님께는 가장 자연스러운 목압을
보여 드리는 것이 최상이라고 생각합니다.

들꽃 한 아름 옹기에 꽂아 마당 한 켠에 두고
햇고사리 부드럽게 삶아서 나물 반찬 해 드리고
김치 맵지 않게 담가서 곰삭아지거든 드리려고 합니다.

황토방에 군불 지피고 그 잔불에 감자나 고구마를 구우면서
잔잔한 그분의 음악을 듣는다면.

아~. 생각만 해도 전율입니다.
주위에 "나왕케촉"의 광적 마니아들이 많은 관계로 음악을 누누이 함께 들었습니다.

작년 잭살차 만들 때도 실컷 들으면서 만들었던 명상음악들.

지금쯤 미국에 가 있어야 할 분도 미국행을 미루고 서울서 그날 내려오신답니다.

다른 분은 마니아들을 우르르 모시고 온다고 자꾸만 확인합니다.

정말 오시느냐고.

할 수 없이 그분들께는 한국 일정을 메일로 보내 드리고

나왕케촉 님의 매니저에게서 확인을 받았습니다.

정말 오신답니다. 하늘이 무너져도 반드시 오시겠답니다.

누구를 초대할까요.

사랑하는 모든 이들이 오셨으면 좋겠습니다.

어두움을 사르는 소리.

함께 듣고 싶습니다.

유정이에게 한 줄의 시를 바치게 하고 싶습니다.

산골 아이들에게도 한줄기 소리를 다독거려 주고 싶습니다.

시간이 되시는 분들은 오셔서 작은 골목에서 개울물 소리와 함께 어우러지는

자연의 소리를 함께 하시지 않으렵니까?

장소: 경남 하동군 화개면 운수리 목압마을 단천재

시간: 5월 3일 저녁 8시

문의: 민들레 홀씨 되어 011-584-0903, 011-869-3371, 055-883-7089

* 차나무의 잦은 전지와 잎의 변형

민들레 홀씨 되어 정소암 2002. 2. 7.

티백의 대중화 때문에 차나무의 전지가 빈번해진 것은 사실이다.

어렸을 때 기억과 어머니의 말씀으로도 과거엔 2년에 한 번쯤

차나무 전지를 했었는데 지금은 1년에 몇 번씩 이루어지고 있다.

차나무는 소나무와 마찬가지로 직근성이다.

뿌리가 땅 밑으로만 내리기 때문에 땅심이나 물 빠짐이 좋은 땅에서

영양분을 끌어 올린다.

그래서 굳이 많은 시비를 할 필요가 없다.

다만 지나친 전지로 인하여 과거, 불과 10여 년 전보다

차 맛이 많이 뒤떨어진다.

우리끼리 더러 하는 이야기가 있다.

'좋은 찻잎으로 차를 만들면 발로 비벼도 맛이 난다.'

우습게 들리실지 모르지만 정말이다.

그 좋은 찻잎이란

첫째, 비료 자주 하지 않은 찻잎

둘째, 전지를 자주 하지 않은 찻잎이다.

전지를 많이 한 찻잎은 깊은 맛과 향이 많이 떨어진다.

그리고 야생성마저 떨어진다.

어느 날인가부터 약간의 찻잎의 변형마저 오는 것 같다.

실제 화개에는 아직도 야생상태의 차나무가 많다.

한 번씩 공부 삼아 다니는 곳은 국사암 뒤편 불일폭포 가는 길이다.

그 야생차밭은 대나무 숲속에 있으며 잎은 길쭉하고 폭이 좁다.

그리고 몇 년 전 15년 정도 묵혀져 있던 집을 수리해서 살았던 적이 있는데

그 집 뒤 안에 아주 커다란 나무가 한 그루 있었는데

처음부터 차나무라는 사실을 파악하기 힘들었다.

그 나무 역시 발견했을 때 보통 차나무 잎보다 매우 길며 잎의 폭이 좁았다.

그러면서 차나무를 전지하고 찻잎을 따내고 하다 보니

이제는 처음 당시보다 잎이 둥그스름해진 그것도 같다. 이것은 사실 내 기분이다.

하지만 분명 한 것은 잦은 전지로 인해 찻잎의 변형이 온 것은 사실이다.

약간 동글동글해졌다.

조금만 관심을 가지면 티백 전지를 자주 하는 차밭과 일 년에 한 번 전지하는

차밭의 잎의 차이도 분명하다. 그리고 맛의 차이도 분명하다.

* 찻그릇도 바람에 자주 말려서 사용하면

민들레 홀씨 되어 정소암 2002. 2. 17.

항상 차가 그립죠?

아침저녁엔 싸늘해서 그립고, 오후 햇살이 넉넉해서 그립고

저녁엔 혼자여서.

찻그릇도 말려 가면서 쓰면 참 좋겠죠?

소독도 되고, 오래 쓰고.

차도 음식이라 찻그릇에 배이면 별로일 것 같아요.

삶는 분들도 계시던데 그 방법보다는 소금물에

담가 두었다가 맑은 물에 서너 시간 담가 주면 됩니다.

항상 물기가 있는 그릇은 깨어지기 쉽습니다.

말리실 때는 그릇을 엎으셔서 말리세요.

이렇게 맑은 날 바람에 그릇을 말리고 나서 그릇을 한 번 톡톡

두드려 보세요. 약간의 쇳소리가 낭랑하게 들리면

차 맛도 그만일걸요?

참, 장마철엔 흙의 질감이 촘촘한 걸 사용하는 것이 좋답니다.

이도유약은 발효차보다 불발효차 다기로 사용하심이

어떨지.

내 찻잔 하나 만들어 놓고 정성을 쏟는 것도

차 생활의 기쁨이겠죠.

비싼 그릇도 좋지만 느낌이 통하는 그릇이

정이 가는 것은 기정사실.

하루하루 좋은 날 되십시오.

* 잭살의 해가 지나갑니다

민들레 홀씨 되어 정소암 2001. 12. 18.

목압마을의 의미 있는 한 해가 갑니다.

우리 토박이들에게는 인생의 특별한 줄이 그어진 한 해였었다고

감히 말합니다.

자기를 버리고 뭉쳐서, 사라져 가는 차를 재현하기 위해 친

몸부림은 하늘이나 알까 싶습니다.

목압마을의 잭살이 최고라고 말하지 않습니다.

지금 화개골에서는 그 옛날부터 먹어 왔던 우리의 발효차가

맥이 끊기려 하다가 각 가정에서 필요에

의해 다시 만들어지고 있습니다. 다인들도 우리나라에 오랜 역사를 지닌

발효차가 있다는 사실을 잘 모릅니다.

이곳에서도 거의 맥이 끊긴 차였으니.

우리는 외국 차, 특히 중국 보이차라는 것에 덖음차가

맥을 못 추고 있는 실정입니다. 엄연히 우리나라에도 좋은 발효차가

있음에도 카바이드로 익힌 중국 보이차를 30년 된 차라니,

100년 된 차라니 하며 중국 보이차가 어느새

차인들 사이에 자리를 잡았습니다.

어떤 차 선생님들은 중국차를 들여오면서 좋은 차를 마신다는 이름하에

우리 차를 아예 도외시하고 있습니다.

행여 좋은 차도 있겠지요.

하지만 그것이 최고의 차라고 보증해 줄 근거가 어디

있습니까?

* 차 판매가 줄고 있어요

민들레 홀씨 되어 정소암 2002. 1. 10.

제다원마다 덖음차의 판매가 줄고 있습니다. 겨울에는 덖음차가 몸에서

조금은 멀어지는 것도 사실입니다.

하지만 체질 따라 다르고 먹는 방법 따라 얼마든지

먹을 수 있습니다.

일단 겨울에는 열탕으로 드시면 됩니다. 빈속에 드시지 말고

너무 많이 드시지 말고. 꼭 다식 챙겨서 드시고.

하지만 차를 즐겨 마시다 보면 다양한 차를 대하게 됩니다.

그러다 보면 입맛에 맞는 차가 있기 마련이지요.

우리 몸은 계절에 맞는 차를 스스로 구하게

되어 있습니다.

그러다 보니 찬바람이 불면 몸을 따뜻하게 해 주고

향이 강한 차를 찾게 되지요.

문헌상도 나와 있지만, 우리나라 발효차는 역사도 깊습니다.

단지 서민적이라는 것 때문에 무시되어 왔습니다.

"잭살"의 고향 화개에서조차 거의 사라졌습니다.

발효시키는 과정도 별거 아니라고 치부됐습니다.

이제 일흔 전후의 할머니들마저 돌아가시면

그 이름마저 없어질 뻔했던 차가 다시 재현되고 있습니다.

죽을힘을 다해 노력하다 보면 좋은 날이 있겠지요.

기력이 소진되어 한계를 느끼는 요즘입니다.

* 가슴 아픕니다. 외국 차

민들레 홀씨 되어 정소암 2002. 2. 10.

곧 들어옵니다. 싼 임금에 다양한 제품.

관세가 없어진다는 소문도 있습니다.

다농으로서 경쟁력이 없지요.

화개의 작설차 나무는 야생성을 갖추었기 때문에

따기도 힘듭니다. 차밭도 대부분이 산속이나 언덕배기에

있기에 일일이 손으로 온종일 따 봤자

제대로 인건비도 건지기 힘듭니다. 그것이 화개의 현실입니다.

거기다 몇 년 전부러는 덖음차를 많이 마시면 무조건 몸에 해롭다는

근거 없는 이야기부터, 비싸다는 이야기까지 퍼지면서

무분별하게 중국 발효차가 자리 잡고 있습니다.

우리나라 발효차 "잭살"이 정말 좋다는 것이 인지되어서가 아니고

대용 책으로 다시 관심을 갖게 된 것은 아쉽지만

발효차가 있다는 것을 알려야 하는 적절한 시기입니다.

모두 관심을 가져 우리나라에도 발효차가 있다는 것을 알리고

덖음차가 체질에 안 맞는 음다인들에게 권해야 합니다.

목압마을은 한국 처음으로 '발효차 작목반'이 만들어졌습니다.

하동군청이나 화개면에서 daum의 목압마을 카페에 대해서

아주 관심이 많다고 합니다. 희한한 인간들이 모여서 듣지도 못한 차를

만든다고 하는데 어떤 모양새가 나올지 두고 보는

구경 단계인 것 같습니다.

하지만 좁게는 회개차가 경제력을 갖추고

하동의 유명한 특산품이 되어

넓게는 대한민국의 수출 품목의 하나가 되었으면 합니다.

또 화개농협에서도 덖음차만 만들 것이 아니라

대량 생산 능력이 갖추어 진만큼

대량으로 발효차를 만들어 수출의 길이 열렸으면 합니다.

왜 우리 차는 영국의 홍차보다, 일본 말차보다, 중국 보이차보다

자신 없어야 하는지 모르겠습니다.

분명 우리 차도 세계 시장에 설 수 있으리라고 희망해 봅니다.

목압마을 카페 여러분!

우리 모두 홍보원이 됩시다. 일차적으로 우리나라에도 발효차가

있다는 것을 알리고 마시게 해야 합니다.

현재는 공급원은 자리를 갖추고 있습니다.

화개의 차농이나 제다인들은 이제 발효차에 대한 준비가 되어 있습니다.

문제는 수요를 늘려야 합니다. 제가 홍보 대사로 임명한

박 언니를 비롯하여 카페 주민 여러분.

이 민홀은 크고 작은 행사에 초청만 해 주시면

무료 시음장으로 달려가겠습니다.

이 글을 읽고서 또다시 이의가 있는 분들도 있을 거라 생각합니다.

제가 올린 글들이 여기저기서 씹히고

가까이 지내는 차 선생님들께는 제게 교육 잘하라는

훈계가 들어가는 모양입니다.

그래서 많이 자제도 해 왔지만 다농으로서의

마음가짐이라고 생각해 주시면 고맙겠습니다.

우리 목압마을 잭살 발효차 작목반은 언제까지 똘똘 뭉쳐 있습니다.

우선은 인간적인 신뢰가 두텁고

모두들 노력합니다.

차를 대함에 눈앞의 이득만 챙기는 사람들이 아닙니다.

목압마을은 인터넷 전용선이 아직 들어오지 않았습니다.

글 한 번 올리기도 사실 힘듭니다.
작목반 사무실에 좋은 컴퓨터가 있어도
젊은 혈기의 우리 촌장은 시내(?) 피시방으로 갑니다.

그만큼 열악한 환경에서 이 카페는 운영이 되고 있습니다.
낮에는 일하고 틈틈이 시간 내서 글들을 올리고 여러분들을
진정한 마음으로 만나려 노력합니다. 컴퓨터가 있어도 자유로이
이용할 수 없지만, 우리 마을의 정취를 그대로 보여 드리고 싶고
가식 없는 마음으로 차를 만들겠습니다.

시음 후기에 글들 많이 올려 주시고 카페에도 글 좀 많이들 올려 주세요.
그것은 면이나 군청에서, 더 크게 도청에서 협조를 구하기
쉽습니다. 어떠한 도움보다도 관의 관심이 더 우선되어야만
더 나은 차 고을로써 자리매김할 수 있습니다.

보성과 비교해 보면 하늘과 땅 차이입니다.
뒤떨어지지 않은 환경임에도 홍보나 후원은 따라 주지 못하고 있습니다.
화개는 차 농사 외에는 수입원이 별로 없습니다.
밤이 생산되기는 하나 차 농사보다 못하고 있습니다.
감히 제가 이런 글을 올리게 돼서 질책도 뒤따르리라고 여깁니다.
충고가 있으시면 솔직하게 해 주시고 차를 아끼는 마음으로 알아
주시면 어떠실지.

옆에서 유정이가 나무랍니다. 어째서 엄마는 글이 길기만 하냐고.

또 아침에 저와 전화하던 어떤 분이 그럽니다.

핵심 없이 말을 한다고, 핵심을 들으려면 종일 걸린다고.

저의 한계를 느끼며 이 글을 마무리 짓겠습니다.

우리 내년에도 좋은 차 빚읍시다.

정성이 가득한 차. 한 사람이라도 더 만족할 수 있는 차를

만들기에 지금처럼 서로 아끼고 염려하며 내년을 만들어 갑시다.

작목반 여러분 제 마음 알죠? 얼마나 의지하고 사랑하는지.

잭살학개론

ⓒ 토박이 정소암, 2023

초판 1쇄 발행 2023년 6월 7일

지은이   토박이 정소암
펴낸이   이기봉
편집   좋은땅 편집팀
펴낸곳   도서출판 좋은땅
주소   서울특별시 마포구 양화로12길 26 지월드빌딩 (서교동 395-7)
전화   02)374-8616~7
팩스   02)374-8614
이메일   gworldbook@naver.com
홈페이지   www.g-world.co.kr

ISBN   979-11-388-1962-6 (03570)